Duvalpoutrel-Vannaise

Système raisonné
d'économie rurale

Monsieur

Pour me conformer aux dispositions contenues
en l'art 6. du décret du 19. juillet de l'an 5. j'ai
l'honneur de vous adresser les deux exemplaires
cy joints que je vous prie instamment, Monsieur
d'avoir la bonté de faire déposer à la Bibliothèque
Impériale, et celle de m'en accuser la réception
en forme probante.

Je suis avec respect

Monsieur

Votre très humble et
Serviteur
Duvalgourbal-Vaune

Lunéville 18. juillet 1808.

SYSTÊME

RAISONNÉ

D'ÉCONOMIE RURALE,

ET

OBSERVATIONS SUR L'HYGIÈNE

RELATIVE AUX ANIMAUX HERBIVORES DOMESTIQUES,

PAR M. DUVALPOUTREL-VAUNOISE,

Membre du Conseil du 5.e Arrondissement communal et de l'ancienne Société d'agriculture du département de la Meurthe.

fortunatos nimium sua si bona nôrïat
colas!...... VIRG. Georg. Lib. II.

A LUNÉVILLE,

Chez GUIBAL fils, Imprimeur, rue du Château, n.º 78.

JUIN. = 1808.

AVIS.

Je place la présente édition sous la sauve-
garde des lois et de la probité de mes conci-
toyens ; et je déclare que je poursuivrai par
les voïes de droit, les contrefacteurs et dé-
bitans d'éditions contrefaites. J'assure même
au dénonciateur la moitié du dédommage-
ment accordé par la loi.

Deux Exemplaires de cet ouvrage ont été
déposés à la Bibliothèque impériale.

Chaque exemplaire de la seule vraie édition,
sera revêtu de ma signature.

Lunéville 18. Juillet 1808.

Duvalpoutre

SYSTÊME

RAISONNÉ D'ÉCONOMIE RURALE,

ET

OBSERVATIONS SUR L'HYGIÈNE

Relative aux animaux herbivores domestiques.

OBSERVATIONS PRÉLIMINAIRES.

Sa Majesté impériale et royale a , entre autres dispositions contenues dans son décret du 24 fructidor an XII, statué que, dans l'intention d'encourager les sciences, lettres et arts, qui contribuent éminemment à l'illustration des nations, désirant que la France conserve, non seulement la supériorité qu'elle a acquise, mais encore que le siècle qui commence l'emporte sur ceux qui l'ont précédé ; enfin, que voulant aussi connaître les hommes qui auront le plus contribué à cet éclat, il y aura, de dix ans en dix ans, une distribution qui sera faite de sa propre main , et avec solennité, de plusieurs grands

1.

prix, de dix mille et de cinq mille francs chacun ; que la première de ces distributions se fera le 18 brumaire an XVIII (9 novembre 1809); que tous les ouvrages de science, de littérature et d'arts, toutes les inventions utiles, tous les établissemens consacrés au progrès de l'agriculture et de l'industrie nationale, publiés, connus ou formés dans l'intervalle du 18 brumaire an VII au 18 brumaire an 17 (9 novembre 1808), concourront pour cette première distribution.

Le prix que la sollicitude paternelle de S. M. ne cesse d'attacher à l'assurance du bonheur commun, ne pouvant manquer d'exciter l'émulation de tous les amis de l'humanité, chacun s'empressera sans doute de procurer les renseignemens qu'il peut avoir sur des matières aussi intéressantes que celles qui sont l'objet de ce décret.

L'impulsion que donne l'excellence des ouvrages de M. le Sénateur François de Neufchâteau, notamment ceux qui tendent à l'amélioration agricole, est le plus grand et le plus puissant véhicule qu'ait encore reçu cette partie, l'une des plus essentielles de l'industrie nationale.

En effet , il résulte déjà de cette impulsion, que l'on trouve, tant dans le journal de la

Meurthe, celui politique et de littérature, le courrier universel, que dans plusieurs autres papiers publics, notamment ceux des 21 germinal an XIII, 17 et 21 janvier, 24 juillet, 3 et 28 août 1806, 29 avril 1807, enfin ceux des mois de mars et avril de la présente année 1808; que la société d'encouragement pour l'industrie nationale, et celles d'agriculture des départemens de la Seine et des Deux-Sèvres, animées du même zèle, ont mis au concours, pour être décernés à diverses époques déjà passées, entre autres prix, ceux suivans :

Société d'encouragement.

1.° Deux prix de 300 francs chacun, un de 1500 francs et un de 1000 francs, pour l'indication des moyens les plus faciles à pratiquer, et les plus avantageux, tant pour abolir absolument l'usage dans lequel on est encore dans plusieurs parties du territoire Français, de laisser, chaque année, le tiers de la majeure partie des terres arables en versaine, jachères ou guérêts, que pour les utiliser en leur faisant produire des foins artificiels.

2.° Un de 600 francs et un de 400 francs, pour le meilleur mémoire, tant sur les moyens d'élever et nourrir les chèvres à l'étable, que sur ceux propres à éviter que ces animaux fassent autant de dégâts qu'ils en font aux arbres, plantes vives et autres productions, lorsqu'on les abandonne à paître en liberté.

Société d'Agriculture de la Seine.

Un prix de 2000 francs et un de 1000 fr., pour la rédaction d'un ouvrage élémentaire d'Économie rurale, dont le style, à la portée de tous les fermiers et simples manouvriers, donne des notions claires et concises, sur toute espèce de travaux à la campagne, les meilleurs moyens à employer pour élever les animaux domestiques, et un apperçu, tant des lois rurales, que de ce qui concerne la vétérinaire.

Cette société vient encore d'annoncer, qu'elle donnera, dans sa séance publique d'après Pâques 1809, des marques de reconnaissance aux personnes qui lui enverront les meilleurs mémoires ou les renseignemens les plus exacts, relatifs au canton ou au département qu'elles habitent, soit en les inscrivant au nombre de ses correspondans, soit en leur décernant des médailles d'encouragement, et en faisant une mention honorable de leurs travaux dans l'ouvrage qu'elle se propose de publier sur les progrès de l'agriculture française, depuis environ cinquante ans. Les mémoires seront reçus jusqu'au premier Janvier 1809.

Société d'Agriculture des Deux-Sèvres.

Une médaille de la valeur de 200 francs, pour l'indication des meilleurs moyens à employer pour former et pour entretenir les prairies artificielles.

Plusieurs journaux rapportent que dans le canton de Berne en Suisse, on a, en 1807, détruit 32,011 boisseaux de hannetons, qui, d'après un calcul que l'on a fait, auraient pu produire 1,780,000,000 de larves ou vers blancs pour l'année 1808. Enfin, que les Etats de Hongrie viennent de rendre une ordonnance, sur l'agriculture en général de ce pays.

On trouve, entr'autres, au chapitre IV du Mémoire statistique, de M. Marquis, Préfet du Département de la Meurthe, imprimé et publié en l'an treize, par ordre du Gouvernement, et qui est un vrai monument d'utilité publique et privée à la gloire de ce magistrat, ce passage : « On ne peut voir qu'avec peine que 6500 arpents seulement formaient, en l'an IX, la totalité des prairies artificielles du Département, puisqu'à de légères excep-

tions près , 143000 arpents de jachères pourraient régulièrement y être employés. Je ne
répéterai pas les observations que j'ai déjà
faites sur les moyens d'augmenter cette culture
intéressante , et sur les causes qui l'ont entra-
vée jusqu'à présent ; tout cela étant commun
à la plupart des départemens , doit être
l'objet de mesures générales ; et une foule
d'excellens écrits agronomiques publiés depuis
quelques années , ont suffisamment éclairé
le Gouvernement sur cette matière.... Il faut
que le Gouvernement favorise les clôtures , la
réunion des terres arables , aujourd'hui dis-
séminées à l'infini , et qu'il attaque enfin le
mal dans sa source , en supprimant le droit
de parcours et de vaine-pâture. »

Pressées par le besoin d'obtenir de prompts
secours à la faveur de ces impulsions , plusieurs
personnes privées , de diverses parties , tant
de l'Empire français , que du Royaume d'Italie,
et même des pays environnans , annoncent
entr'autres , savoir :

1.° Que beaucoup de productions , tant
naturelles qu'artificielles , soit d'agrément ou
de nécessité , sont presque chaque année ,
plus ou moins dévorées , par la quantité de
chenilles , insectes , et bestioles de diverses
espèces.

2.° Que beaucoup de grains sont atteints de cette espèce de carie , qui les convertit en poussière noire, collante et fétide dans l'épi.

3.° Que beaucoup d'animaux herbivores domestiques , les plus secourables , dégénèrent dans leurs formes, et sont souvent atteints de diverses plaies, tumeurs et autres maladies , soit internes ou externes , plus ou moins graves , et qui refluent même quelquefois , par communication , sur le genre humain.

4.° Que le nombre d'animaux d'espèce propre tant à cultiver la terre, qu'au transport des personnes , des matériaux pour bâtir, des denrées et marchandises , étant trop petit pour subvenir à ces travaux , le prix en est si exhorbitant , que ces parties en souffrent beaucoup.

5.° Que la cherté déjà excessive, notamment des bois à brûler , de construction et de charonnage; celle de la main-d'œuvre presque en tout genre ; de la viande de boucherie , des cuirs et suifs , des étoffes en laine, des fourrages , ainsi que de beaucoup d'autres objets de nécessité , va toujours en croissant.

6.° Que le défaut de moyens suffisans pour

occuper constamment et avec plus de lucre la classe manouvrière à la campagne, la fait trop refluer dans les villes, ce qui contribue à paralyser l'industrie et à faire négliger l'agriculture.

7.° Qu'indépendamment des frais de garde des troupeaux, du temps que l'on y employe, des dommages qui sont occasionnés aux diverses productions, tant par les mésus champêtres, que par les délits forestiers, dont la plupart résultent du droit de parcours et de vain-pâturage ; les querelles, les haines, les batailles, les procès, et souvent quelque chose de pire encore, qui en sont la suite, contribuent beaucoup à déranger les mœurs.

8.° Que la trop grande quantité de vignes qu'il y a dans certaines contrées mal situées, opèrent la ruine de beaucoup de personnes qui en possèdent.

Enfin, ce concours de maux fait que de toutes parts on demande des renseignemens assez généraux, pour y remédier d'une manière satisfaisante.

Beaucoup d'autres matières relatives, non moins intéressantes les unes que les autres, et que le sont celles-là, seraient également susceptibles d'être caractérisées ici ; mais, comme la plupart de toutes procèdent de la même cause, et qu'elles peuvent être solues par les mêmes moyens, leur détail s'en trouvera dans l'ensemble de cet ouvrage.

J'ai déjà indiqué les plus essentiels de ces moyens dans un ouvrage que j'ai fait imprimer et ai rendu public en l'an dix , lequel a pour titre :

Mémoire sur les moyens de détruire la principale cause de la Carie , dite Nielle , ou Charbon dont les grains sont fréquemment attaqués ; de multiplier les récoltes et d'économiser les semences ; de fertiliser , mobiliser et engraisser les terres arables; d'amender et rendre plus productives les prairies naturelles et artificielles ; de multiplier ces dernières et d'économiser les terrains employés à celles actuelles ; d'amender les vignes et de détruire quantité d'insectes qui leur sont nuisibles, ainsi qu'aux autres productions de la terre.

On peut , par l'analogie très-grande qui se trouve entre le contenu de ce titre et celui des détails qui précèdent, que j'ai assez heureusement prévus, il y a six ans, remarquer l'utilité de la plupart des renseignemens que l'on a demandés depuis, j'ôse croire que l'on ne peut guères en espérer qui soient préférables à ceux que j'ai donnés dans ce premier ouvrage. Les détails qui vont suivre le justifieront.

A la vérité, ce premier ouvrage contient bien ce que l'on peut appeler le matériel de ce qu'il y a de plus essentiel à faire, concernant les matières que j'y traite ; mais, j'avoue qu'il est susceptible de plus de développement qu'il n'en a. M. le Sénateur Chaptal, (alors Ministre de l'intérieur), à la perspicacité de qui rien n'échappe, avait même eu la bonté de me faire connaître la nécessité de ce développement, en m'accusant, par sa lettre du 20 vendémiaire an XI, la réception de quelques exemplaires de ce même ouvrage que j'avais eu l'honneur de lui adresser.

Quelle que soit cette imperfection, elle n'a pas empêché que les cultivateurs qui, s'étant contentés d'y trouver le principe qui y est clairement établi, sur les moyens d'augmenter, presque de moitié, le produit annuel de la plupart des terres arables cultivées selon la méthode actuelle, en ont déjà retiré de grands avantages, tant en le mettant en pratique, qu'en suppléant, par leur intelligence, à ce défaut de développement.

Ces avantages sont certains non-seulement,
mais ils sont encore constatés, tant par le
récit qu'en font ceux qui en jouissent, l'émulation qu'ils excitent et qui va toujours en
croissant, le compte qu'en a rendu M. Lejeune,
Sous-Préfet à Lunéville, dans ses recherches
intéressantes sur les moyens d'améliorer l'agriculture dans son arrondissement, que notamment par la mention très-positive qu'en fait
M. le préfet de la Meurthe, dans son Mémoire statistique précité, *Chap IV. pag.* 157.

Voilà les auspices sous lesquels j'écris, et
les motifs qui m'y déterminent. J'en profiterai
pour faire quelques légers changemens et
beaucoup d'additions très-utiles à ce premier
ouvrage.

Je n'ignore ni l'étendue de la tâche que
j'ai à remplir, ni le degré d'intérêt qu'ins-
pirent les matières qui en sont l'objet :
je n'ignore point les maux qui seraient
la suite d'un système faux qui serait adopté,
notamment lorsqu'il s'agit d'opérer une innovation aussi conséquente que celle que je
soumets. Aussi, ne dirai-je rien qui ne soit
le résultat d'expériences bien faites, ou de
combinaisons bien approfondies : et l'on ne
m'accusera pas avec fondement de ne pré-
senter que de ces demi-mesures toujours

insuffisantes et souvent impraticables par les inconvéniens qui en résultent. On ne m'accusera pas non plus de n'avoir conçu que de ces spéculations vagues, formées sur des notions trop communes ou superficielles, pour inspirer la confiance nécessaire dans les renseignemens que je vais donner. Le résultat de l'expérience à laquelle sera tôt ou tard soumis ce système le justifiera.

L'homme, notamment celui de la classe la plus laborieuse et la plus recommandable, en ce qu'il cultive et fait produire la terre qui nourrit tous les êtres, éprouve la privation de diverses choses, tant de nécessité que d'agrément ; il éprouve et fait éprouver à la brute qu'il s'est utilement asservie, des fatigues trop grandes et des maladies plus ou moins graves. Enfin, il éprouve une infinité d'autres vicissitudes qui ne peuvent qu'influer en mal, tant sur son physique, sa fortune, son moral, que sur sa longévité.

La plupart de ces maux ont leur origine dans l'erreur du vieux temps, concernant l'agriculture, et s'entretiennent, tant par les préjugés de la routine, que par la bizarerie des usages locaux. Les détails qui vont suivre le démontrant, serviront un jour à l'histoire de cet aveuglement.

La postérité sera d'autant plus étonnée de voir que l'on n'ait pas détruit plutôt cette cause, qu'indépendamment des effets funestes qu'elle produit à l'égard des hommes et de la brute, elle contrarie encore le vœu de la nature.

La postérité, dis-je, en sera étonnée, parce que tous les moyens pour y parvenir sont connus, et qu'ils sont même très-simples et faciles à pratiquer.

Ces moyens peuvent opérer des effets si prompts, que l'on peut jouir de la plupart, à commencer dans le courant de l'été de l'année 1810.

L'ensemble des avantages qui résulteront de ces effets sera si considérable, que tout corps de biens fonds, de terres arables, susceptible d'être soumis à cette innovation, produira chaque année presque moitié plus de denrées qu'il n'en produit ordinairement, et peut en produire en suivant la méthode actuelle; indépendamment d'autres bénéfices pécuniaires, qui résulteront encore de l'industrie y relative.

Ce système est fondé sur des bases solides, parce que la nature et sa fécondité, secondées par l'art et l'expérience, les composent.

Il est judicieux, parce que chacun en jouira dans des proportions gardées, et en raison de ses facultés relatives.

Son adoption et sa mise en pratique, aussi généralement et uniformément que possible, sont urgentes, nécessaires et même indispensables; parce que les maux dont on se plaint étant déjà trop grands et s'accroissant de plus en plus, on ne peut trop s'empresser d'y remédier.

Je démontrerai même que si le gouvernement en convertit l'objet en une mesure générale que tous respirent, il n'y aura pas jusqu'à la famille la moins aisée, qui, habitant notamment à la campagne, n'y trouve de quoi s'occuper à de légers travaux pendant les plus longs jours et les plus belles saisons de chaque année, à y gagner beaucoup par son industrie, et à s'y procurer de quoi nourrir hyver et été, à l'étable, au moins une vache et quelques bêtes à laine.

Le point le plus essentiel à saisir, pour bien se pénétrer de l'ensemble des détails de cet ouvrage auquel il n'est guères facile de donner plus d'ordre, tant les matières qu'il s'agit d'y traiter abondent et se confondent, consiste à savoir qu'il conviendrait de former

trois

trois assollemens ou ensaisonnemens , tant de toutes les terres arables que de celles susceptibles d'y être converties, en profitant autant qu'il est possible de ceux déjà formés suivant la méthode actuelle.

Le premier de ces assollemens sera destiné à produire du blé ou seigle, la première année.

Le second, à produire de l'orge , de l'avoine, des pois , des lentilles , vesces et autres menus grains , légumes ou plantes oléagineuses d'été, la seconde année.

Enfin le troisième , à produire soit du trèfle, luzerne , sainfoin , ray-grass, ou autres foins artificiels, la troisième année.

Voilà le principe fondamental duquel tout le reste dépend. Quand il ne serait point autrement appliqué, les choses se succéderaient dans un ordre si naturel que l'on ne pourrait pas se tromper sur ce qu'il y aurait à faire.

Les foins artificiels sont la meilleure ressource qu'il y ait pour tirer avantage de toute espèce de terres arables, dans la majeure partie du territoire français. Je le démontrerai plus bas.

J'ai vu et médité avec attention la plu-

2.

part des systêmes qu'on a proposés sur ces matières. Mais je ne puis dissimuler qu'aucun ne présente des moyens assez généraux, ni des résultats assez satisfaisans, pour obvier aux maux qui existent. Plusieurs présentent des procédés si dispendieux dans l'exécution, ou entrainent de si grands inconvéniens, qu'on recule aussitôt qu'on les apperçoit. Quelques-uns annoncent des principes avantageux, mais qui ne peuvent être considérés que comme des accessoires dans l'ensemble du mien.

L'agriculture considérée sous le mode actuel, paraît portée à un degré de perfection assez satisfaisant. La différence qui se trouve entre le *quantum* et la qualité du produit de deux corps de biens, de même consistance, nature de sol et exposition de site, procède de la qualité ou quantité de l'engrais ou de la semence, du temps auquel, et comment on fait les labours.

Si le cultivateur le plus intelligent et le plus en facultés ne peut tirer d'autres avantages que ceux qu'il a obtenus jusqu'à présent, le tiers des terres arables restera toujours en versaine, ce qui ferait une perte annuelle d'un tiers sur le produit des assollemens, et qui ne pourrait se récupérer qu'en utilisant les jachères.

Au surplus, l'agriculture ne peut aller qu'en dépérissant, en suivant la méthode actuelle. En voici les raisons principales.

La vente en détail qui a été faite d'une immense quantité d'anciens grands corps de biens fonds de terres arables, est cause que la plupart de ces terres sont passées entre les mains de personnes qui ne tiennent pas de train de labourage. Il en résulte que le nombre d'animaux qui étaient employés à cultiver ces terres ayant été réduit, à raison de cette division, ce qui en reste ne peut suffire pour la culture du tout.

On croyait que les acquéreurs de ces biens se seraient réunis pour former entr'eux des trains de labourage, ce qui n'a pas eu lieu; parce qu'il eut fallu acheter à communs frais charrues, charriots, harnois, herses et autres instrumens aratoires; savoir labourer, engraisser les terres, semer, herser, récolter; charger et conduire les voitures.

Il résulte donc évidemment que, si le nombre d'animaux destinés tant à cultiver la terre qu'à faire les charrois, est diminué, l'agriculture ne peut qu'en souffrir. Et tel qui ne tire que le tiers ou moitié tout au plus de ce que son champ pourrait lui produire s'il était mieux cultivé, fait compensation de sa perte avec la modicité du prix que le champ lui a coûté en papier monnoie, et même avec celui qu'il pourrait obtenir en le revendant.

J'ai fait dans plusieurs départemens des recherches pour savoir si, comme on le croit assez généralement, il se nourrit plus d'animaux herbivores depuis la division des terres qu'auparavant. J'ai reconnu qu'effectivement le nombre en est augmenté d'environ le quart; mais que cette augmentation consiste en vaches, brebis, moutons, chèvres, cochons et élèves de ces espèces; mais aussi j'ai trouvé qu'il y avait environ un tiers moins en bœufs, chevaux, jumens et élèves de ces animaux.

Il est certain que ce n'est pas avec les animaux dont le nombre s'est accru, qu'on peut suppléer au déficit de celui des autres, tant pour la culture des terres que pour faire des charrois. Ainsi, l'agriculture, loin de s'améliorer, ne peut qu'aller en dépérissant; les biens fonds diminuer de leur valeur, et chacun s'éloigner de l'agriculture.

Le blé est essentiel à la subsistance de tous les hommes; mais l'agent principal de la prospérité et de la fortune de la plupart d'entr'eux, est dans l'abondance et la salubrité des fourrages et pâturages destinés à la nourriture des animaux domestiques.

L'expérience démontre que le territoire français produit plus de grains qu'il n'en faut pour subvenir à la consommation qui s'y en fait ; il n'en est pas de même des four-rages. D'ailleurs ce genre de production est beaucoup plus exposé que les grains à l'in-fluence de la température.

Si l'on considère qu'au moyen d'une grande abondance en fourrages et pâturages sains , on peut, en favorisant la multiplication et la régénération des formes et autres qualités des animaux, multiplier aussi les engrais pour la terre ; que les récoltes en seront plus abon-dantes ; qu'il y aura moins de maladies, plus de force pour subvenir aux travaux en tout genre ; que le prix des labours , des charrois, de la viande de boucherie , du lait , du beurre, de la crême , des fromages , des cuirs , suifs, crins , laines, étoffes , et une infinité d'autres objets , tant de nécessité que d'agrément , sera beaucoup moins cher. Si, dis-je, l'on con-sidère que cette multiplication , tant des four-rages que des animaux, multipliant encore les travaux à la campagne , y attachera d'autant plus la classe manouvrière qu'elle en sera mieux nourrie, vêtue, .chauffée et logée, parce que j'indiquerai aussi la manière de multiplier les bois. Où peut-on trouver un meilleur moyen de rendre la plupart des hommes beaucoup plus heureux qu'ils le sont? Nulle part.

Ce ne sont cependant pas là les seuls avantages qu'on peut spécifier qui résulteront de la mise en pratique de ce systême. Et en effet, car il faut encore que la carie des grains disparaisse, en très-grande partie au moins, ainsi qu'une immense quantité d'insectes et autres bestioles, tant graminivores que frugivores ; que l'usage des parcours et vain-pâturage tombe de lui-même et sans secousse ; que loin que les gens de la campagne refluent en résidence dans les villes, les oisifs des cités s'attachent plus que jamais à la glèbe ; que l'état y acquiere une nouvelle force et une grande économie ; que les procédures, tant civiles que criminelles soient moins fréquentes, parce qu'il y aura moins d'occasions de se chicaner les uns les autres, moins de besoins, moins de crimes et de punitions à infliger ; il faut que le recouvrement des contributions et l'administration s'exercent avec plus de facilité ; il faut que l'industrie se ranime dans beaucoup de parties qui sont presqu'absolument paralysées; il faut enfin que le physique, le moral et la longévité de l'homme y gagnent beaucoup.

L'expérience-pratique que j'ai acquise, tant en cultivant que faisant cultiver sous mes yeux mes propriétés, ainsi que d'anciens domaines nationaux, fonds de terres arables et prés assez considérables que j'ai tenus à bail pendant neuf ans ; ce que j'ai pu recueillir de renseignemens auprès d'un grand nombre de cultivateurs instruits et judicieux; ce que nous fait connaître le rapport uniforme de nos sens ; ce dont chacun convient et que personne ne conteste, d'après ce qui se passe en agriculture sur le territoire de la plupart des communes de l'empire ; ce qui est l'objet spécial de la plupart des renseignemens que l'on demande et des prix décernaux offerts, et qui entre également dans les dispositions contenues au décret précité de S. M. ; tout concourt à démontrer qu'il faut une réforme dans la méthode actuelle d'exploiter la plupart des biens ruraux.

Dans l'intention de concourir de mon mieux à ces fins, je pose ici comme vérité de fait,

que toute nature de sol et exposition de
site de terres arables , qui , suivant la méthode
actuelle , sont susceptibles de produire du
blé ou du seigle la première année , de l'orge ,
de l'avoine, pois, lentilles , vesces , légumes
ou plantes oléagineuses la seconde année ;
d'être laissées en jachères ou guérêts la troisième année, et à plus forte raison d'alterner, sont
également susceptibles de produire tour-à-tour ,
c'est-à-dire chaque trois ans , soit du trèfle,
du sainfoin , du rai-grass ou de la luserne,
et que loin que ce genre de production nuise
à celui des autres , il ne peut que leur être
favorable.

Pour preuve de cette vérité , c'est qu'il
y a peu de communes en France où l'on
ne fasse produire l'un ou l'autre de ces foins.
Cette expérience est , je crois , la plus sure
et la plus propre à convaincre que l'on peut
en faire produire dans toutes ces terres.

Je réitérerai donc la manière de s'y prendre,
déjà indiquée dans mon premier mémoire.
Mais avant , j'observe que j'emploierai dans
les données qui suivent, les anciennes déno-
minations les plus en usage dans la ci-devant
Lorraine , concernant les poids et mesures,
tant linéaires que de capacité , afin d'être
à la portée de tous.

1.° Le pied dit de roi est composé de 12 pouces.

2.° la livre pesant est composée de 16 onces poids de marc.

3.° Le résal de blé pèse 180 livres.

4.° Celui d'avoine 160 *idem.*

5.° La paire en nature est composée d'un résal de blé et d'un résal d'avoine.

6.° Chaque jour contient, soit en terres arables, en nature de prés ou bois 25,000 pieds quarrés de surface.

MANIÈRE

D'exécuter ce Systéme.

1.º Dans le courant des mois d'octobre et novembre de la présente année 1808, on fumera autant bien que l'on pourra ; puis on labourera aussi à fond et aussi grossièrement que le sol le permettra, toutes les terres qui sont actuellement ensemencées, soit en blé ou seigle, ainsi que toutes autres, mais du même assolement.

2.º Dans le courant des mois de mars et avril prochain 1809, on donnera à ces mêmes terres un second labour, mais plus menu que le premier. On les ensemencera d'orge, d'avoine, pois, lentilles, légumes ou plantes oléagineuses d'été, ensuite on les hersera avec soin.

3.º Sur ces mêmes terres, et par chaque jour ou arpent, on semera six à sept livres de bonne graine, soit de rai-grass, luzerne ou trèfle, selon que l'une ou l'autre de ces espèces conviendra le mieux à la nature du sol. Si c'est du sain-foin, il en faut 25 livres. Ensuite on hersera ces terres avec un fagot ou buisson bien élargi, soit d'épines ou de branches d'arbres.

Si les terres fortes, celles argilleuses ou autres semblables, ne sont pas assez divisées à leur surface par le hersage, il faudra attendre que l'action de l'air ou la pluie les ayent divisées pour y semer les graines ; et cette attente peut durer jusqu'à la fin de mai, et même plus tard dans le nord de la France.

Si la sécheresse était si grande que ces terres ne se divisassent pas assez pour y semer ces graines, ou que celles-ci y étant semées, il n'en levât pas assez pour produire une récolte satisfaisante, on donnera à ces mêmes terres, en mars et avril suivant, un labour; on les ensemencera soit en orge, avoine, pois, vesce, légumes ou plantes oléagineuses, mais sans semer par-dessus aucunes graines de foins artificiels, à moins qu'on ne les préférât au blé ou seigle pour l'année suivante. -

4.º Si ces graines de foins semées sont assez levées dans les mois d'avril et mai prochains, on sarclera, s'il est nécessaire, les grains parmi lesquels ces foins croîtront.

5.º Ces grains parvenus à leur maturité seront récoltés sans les laisser javeler plus de huit jours , et ce , dans un temps sec , attendu que si on les laissait plus long-tems, la fraicheur dés nuits , les vapeurs de la terre , la rosée ou la pluie pourraient les corrompre, ainsi que leur paille et la première pousse des foins artificiels qui se trouvera mêlée parmi.

6.º Après cette récolte faite, la terre restera dans un état de repos, les animaux domestiques n'y pourront paître ; ils arracheraient les racines de ces foins et les écraseraient, ce qui les rendrait sans production.

On pourra faucher le regain s'il en est susceptible , et le donner en petite quantité aux animaux, après qu'il aura été amorti , mais jamais lorsqu'il est mouillé, ou qu'il y a de la rosée.

7.º Sur la fin du printemps, et dans le courant de l'été de 1810 , on fera autant de récoltes de ces foins que le sol pourra en produire, en observant de les couper dans le tems où ils commenceront à fleurir. On les fanera sans trop les laisser se dessécher avant de les mettre sur le grenier, ou de les *emmeulonner* au grand air. On aura l'attention d'en laisser mûrir pour graine.

Il poussera encore beaucoup de regain après la récolte du foin, si le temps y est propre ; mais quelque excellent qu'il soit, tant pour calmer l'ardeur du sang de toute espèce d'animaux, que pour les purger, notamment dans cette saison, je conseille de ne le leur faire paître qu'en petite quantité à la fois, et lorsque le temps est très – sec, mais jamais pendant la nuit, lorsqu'il tombe de la pluie, qu'il est mouillé ou qu'il y a de la rosée : sans quoi, la plupart de ces animaux en seraient incommodés, en-fleraient, et pourraient même en périr. La chose est assez généralement connue, pour que chacun sache se diriger à cet égard.

8.º Dans le courant du mois de septembre suivant, on engraissera si l'on peut, puis en labourera ces terres, de manière que les racines de ces foins soient bien renversées. On semera les blés ou seigles, on hersera, sarclera et récoltera à l'ordinaire.

9.º Dans le courant des mois d'octobre et novembre 1811, on recommencera ces mêmes opérations sur ces terres, ainsi que sur toutes celles qui en seront susceptibles, à la manière indiquée par l'article premier ci-dessus, et ainsi de suite les années suivantes.

On remarquera que je n'ai appliqué ces moyens d'exécution que sur l'un des trois assolemens, pendant trois ans, et cela suffit, je pense, pour indiquer qu'il faudra successivement opérer la même chose, sur chacun des deux autres, toujours en commençant sur les terres qui auront produit le blé ou le seigle.

On remarquera encore que je supprime chaque année un labour aux terres arables, puisqu'au lieu d'en donner au moins trois pour les blés et seigles, je n'en donne qu'un, et que j'en donne deux au lieu de n'en donner qu'un pour les orges, avoines et autres menus grains. Cette économie peut être compensée tant avec ce que l'on retire de quelques jours de terres des assolemens en versaine, auxquelles l'on fait produire soit des pommes de terre ou autres denrées, qu'avec le temps que l'on employera à semer les graines de foins artificiels, et à herser les terres qui les produiront. Quant aux autres dépenses à faire, concernant l'achat des semences, le fauchage, fanage, transport, bottelage et autres de ces foins, elles vont être l'objet d'un détail qui se trouvera plus bas.

Peu il importerait au surplus, que quel-

quefois l'on ne fît que deux ensaisonnemens,
c'est-à-dire qu'on alternât soit l'orge, l'avoine,
pois, lentilles ou autres grains ou légumes,
avec le blé ou le seigle, puisque par ce
moyen, il ne resterait toujours plus de terres
arables en versaine.

On pourrait aussi laisser subsister ces terres
artificielles pendant un an ou deux de plus
dans les meilleures terres ; mais comme dans
l'un et l'autre cas il en résulterait des inconvéniens que je ferai connaître plus bas, et
qu'il faut d'ailleurs maintenir, autant qu'on
le peut, l'ordre des assolemens, l'expérience
démontrera qu'il faudra toujours en revenir
le plus généralement à mon système.

En effet, quoiqu'il s'agisse d'abolir absolument l'usage du parcours des troupeaux, cela
s'entend sans doute que c'est seulement pour
ceux en commun, et que la liberté restera
d'envoyer paître de jour, aux champs non
clos, les animaux que l'on aura, chacun sur
sa propriété, en les y maintenant de manière
à ce qu'ils ne transfinent point sur celles
appartenant aux autres.

Et dans ce cas, si l'on disséminait de ces
prairies çà et là, en les laissant durer plus
long-temps que les autres, comment chacun
pourrait-il envoyer paître ses animaux dans

les étoubles des grains, que d'autres champs
auraient produits, à travers le même assolement, sans que ces animaux, qui sont très-
alléchés de ces foins, n'y occasionnassent du
dommage? et de même, comment pourrait-
on passer à travers cette espèce de quadrille,
pour fumer, cultiver et récolter les terres
qui en seraient susceptibles, si l'on ne mettait
de la généralité et de l'uniformité dans chaque assolement ? Il faut donc encore par
cela seul, en revenir à mon système.

On peut former des prairies artificielles
de longue durée, dans des terreins isolés des
assolemens; mais il faut qu'ils soient assez bien
clos pour en empêcher l'accès aux animaux.
Il faut aussi que ces sortes de prairies soient
bien entretenues chaque année, c'est-à-dire,
resemées à la fin de chaque hyver, dans
les places où il en manque. Par ce moyen,
on peut les conserver fort-long-temps, et
en tirer un grand produit. Sans cet entretien, la
plupart vont en dépérissant, dès la troisième
ou quatrième année, même dans les meilleurs
terreins.

Il est à croire, au surplus, qu'au moyen
de l'abondance de ces foins que produiraient
tous les ans le tiers des terres arables, ou

pourra

pourra se dispenser d'employer d'autres terreins à former des prairies de longue durée.

Cette abondance mettant à même de supprimer beaucoup de foins naturels, on convertira en terres arables la plupart des prés mal situés, qui ne produisent que peu de foin et dont la qualité est encore souvent mauvaise, cette conversion ramènera toujours ces prés à produire dés foins artificiels, par l'ordre qu'auront les assolemens. On en convertira d'autres à former d'excellens pâturages; et tous ceux de ces prés ou pâturages sujets à inondations, à être vasés, trop aquatiques ou fangeux naturellement, doivent être employés à produire du bois de l'espèce qui leur est propre.

Il est à désirer que le Gouvernement encourage à former des pépinières. Deux ou trois jours de terres que l'on y employerait dans chaque commune, seraient suffisans pour procurer en peu d'années, une immense quantité d'arbres fruitiers et autres, que l'on planterait de chaque côté des grandes routes, des chemins vicinaux et autour du territoire de chaque commune, indépendamment de ce que chacun pourrait faire sur sa propriété.

Le bois de saule et celui de peuplier sont

3.

beaucoup plus précieux que l'on ne pense, en
ce qu'ils peuvent se reproduire en les plantant
en boutures dans les terreins aquatiques. On
pourrait encore en mettre de chaque côté
tant des ruisseaux, que des rivières non na-
vigables, et dans les marais; leur accroissement est le plus prompt de tous les bois; on
peut tirer de celui de peuplier, des planches
qui valent presque celles de sapin, et il est
propre, tant au charonnage, qu'à de légères
constructions; enfin les branches de ces deux
espèces de bois, pouvant tenir lieu de pépinières, on ne devrait point en brûler de celles
propres à être plantées, et considérer comme
un délit très-préjudiciable à l'intérêt général,
le mauvais usage que l'on en a fait jusqu'à
présent.

Je ne connais point de meilleur moyen pour
repeupler les places vagues dans les bois et
forêts, que celui de faire cueillir, tant des
fênes que des glands, et de les planter,
soit à la bêche ou à la houe, après que
la glandée est finie. Un homme et un enfant
de douze ans en garniraient un demi-arpent
par jour, et cela ne serait guères dispendieux. Chaque commune ne demanderait pas

mieux que d'en faire l'opération chaque année et à ses frais, si on lui accordait la permission d'envoyer ses porcs à la glandée. Il résulterait de la mise en pratique de tous ces moyens, qu'avant trente ans d'ici, il y aurait au moins moitié plus de bois qu'il n'y en a dans beaucoup de parties de la France.

Il peut être utile d'observer qu'il ne paraît pas fort difficile de se procurer en peu de temps la graine de foins artificiels nécessaire pour l'ensemencement dans les premières années : car, de 20 à 25 sols qu'elle se vendait l'année dernière, elle ne s'est vendue que 12 à 14 celle-ci. Il est à désirer que le gouvernement en empêche non-seulement l'exportation; mais encore qu'il en fasse acheter pour son compte à l'étranger, et qu'il la fasse distribuer dans chaque département, en raison du besoin.

Les anglais profitant du peu de temps qu'a duré le traité d'Amiens, ont fort bien su en enlever plusieurs vaisseaux, qu'ils ont fait charger à Rouen.

D'ailleurs, je crois pouvoir assurer, d'après les renseignemens que j'ai pris, qu'il existe au moins 100,000 arpens de prairies artificielles dans l'ensemble du territoire tant de ce département, que de ceux des Vosges, du Rhin, du Doubs, de la Meuse et de la Moselle, de plus qu'il n'en existait avant la publicité que j'ai donnée à mon premier ouvrage. A la vérité, on donne à la plupart de ces prairies plus de durée que je n'indique d'en donner ; et c'est un mal, par les raisons que j'en ai déduites ci-devant. Mais malgré cela, elles s'acheminent toujours vers le but auquel il faut atteindre, et qui consiste à mettre plus de généralité et d'uniformité à cet égard ; sans quoi, l'on reviendrait toujours au point d'où l'on partirait.

La plupart des vignes sont effectivement mal situées et emplantées de mauvaises espèces de ceps. On y emploie beaucoup de bois en échalas, ce qui contribue, tant à y mettre la cherté, qu'à commettre des délits dans les forêts ; les vins de très-médiocre qualité qu'elles produisent n'étant guères de garde, se vendent à un très-bas prix et occasionnent la ruine de beaucoup de personnes qui en possèdent. Le mélange qui se fait de la plupart de ces vins avec de ceux meilleurs, fait que notamment les voyageurs sont assez mal abreuvés. D'ailleurs, le découragement qu'occa-

sionne cette trop grande quantité de vins de
mauvaise qualité, aux les propriétaires de vignes
mieux situées et de meilleure espèce, fait que
ces dernières sont négligées. Il est à espérer que
la mise en pratique de ce systême sera encore
un moyen propre à détacher beaucoup de
personnes de ces vignes mal situées.

En effet, chaque jour ne se loue tout au
plus que 20 francs par année, tandis qu'il
rapporterait le double en foins artificiels dans
les meilleurs terreins bas qu'elles occupent,
si on les y entretenait bien à longue durée.
Il est donc à croire que l'on accordera la
préférence à ce dernier genre de production :
car il y aura beaucoup moins de travaux à
faire. D'ailleurs, chacun sentira que l'on peut
se passer plus facilement de mauvais vin que
de bonne viande de boucherie, et autres
avantages que l'on peut retirer en favorisant
la multiplication des animaux domestiques de
toute espèce.

Ce qu'il y a encore de particulier, est que
la plupart des terres pierreuses, sablonneuses, graveleuses, montueuses, légères et autres
semblables, produisent des récoltes aussi abon-
dantes en foins artificiels qu'en produisent
celles fortes et argilleuses, dans lesquels il
vient plus de grains.

J'ai annoncé plus haut , que tout corps de bien, fond de terres arables, susceptibles d'être soumis à l'exécution de ce système, produirait presque moitié plus de denrées , chaque année , qu'il n'en produit et peut en produire en suivant la méthode actuelle , quelque bien on la pratique ; je vais, pour le démontrer, opérer *des deux manières à la fois* , sur un même domaine , en me servant de la fiction suivante :

Ce corps de bien est composé, savoir :

1.º De 300 jours de terres arables pour les trois assolemens.

2.º De 50, à 60 jours ou fauchées , tant prés que pâturage.

3.º D'un jardin, verger et chenevière, contenant ensemble 3 à 4 jours.

4.º Enfin , d'une maison , grange , écuries et autres aisances et dépendances., seulement nécessaires à son exploitation.

Les bonnes terres , tant arables qu'en nature de prés , compensées avec ce qu'il y en a de médiocres , rend le tout de qualité telle , que le fort portant le faible , chaque jour de ces terres produit , année commune et par ordre d'assolement, suivant la méthode actuelle d'exploiter , savoir :

1.° Deux réseaux à 2 réseaux et demi de blé, ou l'équivalent en seigle, la première année.

2.° Un résal et demi à deux réseaux d'avoine, ou l'équivalent soit en orge, pois, lentilles, légumes, etc., la seconde année.

3.° Un millier et demi à deux milliers, tant foin que regain, par chaque fauchée, ou l'équivalent en pâturages, année commune.

4.° Enfin, 100 jours de terres arables, formant un des trois assolemens, restant en versaine, ne produit rien. *J'ai fait plus haut la compensation de ce que peuvent produire quelques jours de terres de cet assolement, que l'on emploie à faire venir des légumes ou plantes oléagineuses.*

Tout convainc que le prix ou canon annuel de fermage d'un corps de domaine ainsi composé, est communément, soit de cent paires de réseaux, moitié blé et moitié avoine, si c'est en nature, lesquelles paires on estime à 25 francs l'une, année commune, ce qui fait 2500 francs pour le tout; soit enfin 2500 francs, s'il est loué à prix d'argent (ce qui revient au même), à charge en outre par le fermier, d'acquitter à ses frais les contributions ordinaires, assises sur ce bien, chaque année de sa jouissance, par compensation, tant avec la maison de ferme et dépendances qu'il occupe, qu'avec les dixmes que l'on payait anciennement.

Voilà, je pense, l'approximation la plus simple et la plus exacte que l'on puisse faire, tant pour le propriétaire que pour le fermier ; car, si ce domaine était d'une consistance plus ou moins grande ; et de même, si la nature du sol produisait plus ou moins, alors le prix de fermage augmenterait ou diminuerait dans des proportions relatives, et ces mêmes proportions seraient encore observées dans ce qui va suivre.

Ce domaine ayant été exploité suivant la méthode actuelle, la totalité d'un des trois assolemens, composé de 100 jours de terres arables est resté en versaines, et n'a rien produit.

Hé bien ! c'est en utilisant ces mêmes 100 jours, et sans nuire au produit dés deux autres assolemens, que je veux augmenter d'environ moitié, chaque année, le revenu de ce même bien, en suivant mon Systême. Voici comment.

Ce domaine a produit, sans le secours de cet assolement, soit en nature, soit à prix d'argent, ci. . . . . 2500 » »

J'ajoute que le fort portant le faible, chacun de ces cent jours doit produire au moins un millier de foin artificiel, année commune, qui, à raison de 18 fr. l'un, fait la somme grosse de ci. . . . . 1800 »

TOTAL du produit annuel de ce même bien, en l'exploitant suivant mon système, ci. . . . 4300 »

Sur quoi il faut déduire, savoir :

1.º Le prix d'achat de 700 liv. de semences de ces foins, à 15ˢ l'une, fait la somme de 525 fr. ; mais que je réduis à 250 fr., année commune. *J'en donnerai la raison plus bas*, ci. 250

2.º pour fauchage de ces foins, 150

3.º Pour fanaison, ci. 75

4.º Pour transport depuis le champ jusqu'au grenier, ci. . . 100

5.º Bottelage et autres menus frais, ci. 100

675 »

COMPARAISON

Le revenu net annuel que doit produire
ce domaine, exploité suivant mon systéme
est de ci. . . . .   3625 »

Celui suivant la méthode ac-
tuelle, de ci. . . . .   2500 »

Partant le bénéfice annuel à
faire suivant mon systême est de ci.   1125 [tt] »

Loin que les données dont je me suis servi
pour opérer ce résultat le favorisent, elles
y sont au contraire rigoureusement opposées.

En effet, j'ai supposé que chaque jour de
champ ne produisant que deux résaux à
deux résaux et demi de bled la première
année ; qu'un résal et demi à deux résaux
d'avoine, la seconde année ; enfin un millier
et demi à deux milliers tant foin que regain
par chaque fauchée de pr s, année commune, porte l'ensemble du revenu net annuel
de ce domaine à 2500 francs, en l'exploitant suivant la méthode actuelle, et c'est
certainement pousser les choses au plus haut
possible que puisse espérer le propriétaire
et que doive payer le fermier.

Je réduis à un millier de foin artificiel, le produit de chaque jour de terres arables ; mais il en produira le double dans celles bonnes, et jamais moins dans les médiocres, à moins que l'intempérie n'y soit fort contraire.

J'évalue chaque millier de ces foins à dix-huit francs année commune, et ce n'est pas trop cher : car ils valent au moins trois à quatre francs de plus que ceux naturels, tant par la substance nutritive qu'ils ont, que par leur salubrité et leur pureté. C'est ce que je justifierai plus bas.

J'estime que la graine de semence de ces foins coûtera deux cent cinquante francs, année commune ; c'est trop cher : car, chacun en récoltant par lui-même, et l'abondance qu'il y en aura dans la suite en réduiront le prix tout au plus à cinq sols la livre, ce qui alors ne ferait plus que 175 livres au lieu de 250.

A la vérité, il y aura un léger sacrifice à faire à cet égard, pour les deux premières années ; mais on ne peut l'éviter.

Quant à la dépense concernant le fauchage, la fanaison, le transport, le bottelage et autres menus frais, je l'ai calculée, en raison du produit que j'ai supposé que don-

nera chaque jour de terres arables: mais si
ce produit est plus considérable, on y trouvera
l'indemnité de la dépense qu'il y aurait à
faire de plus.

Nous examinerons plus bas la propriété
que peuvent avoir ces foins artificiels comme
nourriture tant en vert qu'en sec, de toute
espèce d'animaux herbivores domestiques, en
y comprenant jusqu'aux cochons : car je prends
ici occasion de dire que j'ai fait nourrir de
ces derniers animaux, et que j'en ai vu nourrir
beaucoup par d'autres personnes, avec du
trèfle et de la luzerne encore en état de bon
regain, fraîchement coupé; ces animaux
dis-je en ayant été nourris presque immé-
diatement après qu'ils ont eu quitté la mamelle,
jusqu'au moment de les engraisser, j'assure
que la plupart sont venus beaucoup plus
beaux que ceux qu'on entretenait, soit avec
des pommes de terre, racines légumineuses,
feuilles de choux, sons, retraits, et même un
peu de grains : qu'ensuite ils ont mieux pris la
graisse, et que chacun s'accorde à dire que
le lard en est meilleur.

Il est peut-être utile d'observer que dans
ce pays-ci, on engraisse la plupart de ces
animaux dès l'âge de six à huit mois.

Voici l'opinion la plus générale de la plupart des auteurs, tant anciens que modernes, concernant la propriété (comme nourriture des animaux), du foin naturel.

Le foin naturel est la nourriture du cheval la plus commune ; mais aussi elle est la plus suspecte. Les différens genres de plantes qui naissent dans les prés, et qui entrent dans ce foin, sont autant de vrais poisons ; entr'autres, toutes les espèces de tithymales, la gratiole, l'aconit, les persicaires, la ptarmique, la thora, la catapuce, le péplus, la sardonia, la thlaspic, la douve et beaucoup d'autres semblables. Ces plantes confondues avec les bonnes, brisées, desséchées et bottelées ensemble, ôtent à l'animal le moyen d'en faire la distinction et de les rejetter. Pressé par la faim, il mange les unes et les autres, et souvent après il lui survient des tranchées ou des douleurs néphrétiques qui peuvent le conduire à la mort. Si ces inconvéniens n'arrivent pas toujours jusqu'à ce dégré, comme le foin le plus pur est peu substantiel, en ce qu'il est ligneux, les animaux en consomment beaucoup, et il conduit les chevaux à la pousse.

Si, joint à ces inconvéniens, ce foin a encore

été vasé sur pied, mal récolté, ou qu'en le charroyant au loin, notamment en temps de guerre, il ait été mouillé, ou que trop de poussière s'y soit introduite, nul doute que cette nourriture ne soit la principale cause de la plupart des playes, tumeurs ou autres maladies qui surviennent aux animaux, et en vain les gens de l'art chercheront-ils à les guérir absolument, tant que l'activité de cette cause subsistera.

Le besoin que nous avons de nos animaux domestiques, légitime l'empire que nous exerçons sur eux, et montre cette distance que Dieu a mise entre l'homme et la brute.

Seuls et abandonnés à l'état de nature, ils dédaigneraient nos soins, et conserveraient plus intact le prototype de chaque espèce.

Nous devons les bien nourrir, soigner, panser et loger, ne les faire travailler que modérément, et ne les en obséder que dans le cas de vraie nécessité.

Nous ne sommes plus à ces temps d'ignorance et de superstition, où les bergers payens imputant à la magie des sorciers, la cause des maladies qui survenaient à leurs troupeaux, croyaient que pour les en préserver et les guérir, il suffisait de faire jeter, sous les auspices de leurs Dieux, certains anti-sorts qu'indiquaient les augures; où les meilleurs agronomes égyptiens, imputant ces maladies au feu sacré, faisaient tuer et enfouir dans la bergerie la première brebis qui en était atteinte. Nous ne sommes plus à ces temps, où de prétendus guérisseurs à secret, imputant à l'air atmosphérique la cause d'une épizootie considérable, qui n'aguères a emporté en France une quantité prodigieuse de bêtes, tant à laine qu'à cornes, firent brûler vif le taureau banal d'une commune, afin, disaient ces déhontés bateleurs, de détruire cette cause par les émanations purifiées qui devaient s'exhaler de cette opération barbare et inhumaine. Enfin, dis-je, nous ne sommes plus au temps où l'on a imputé à un cuir apporté d'Hongrie, la cause d'une épizootie si considérable qu'elle a détruit en France plus d'un million d'animaux et bestiaux de toute espèce.

Rien ne peut mieux prouver que ce qu'on appelle maladies contagieuses dans les animaux, a sa cause principale dans la nourriture mal saine à laquelle notre faible industrie les réduit, que ce que nous dit à cet égard M. Gilbert, professeur vétérinaire, dans son ouvrage intitulé *Recherches sur les maladies*

charbonneuses dans les animaux, leurs carac-
tères, et les moyens de les combattre et de
les guérir.

En effet, cet auteur fait l'énumération
vraiment affligeante d'une si grande quantité
de maladies très-graves, qui sont survenues
à différentes époques fort éloignées les unes
des autres, tantôt dans une province, tantôt
dans plusieurs à la fois, et même dans des
royaumes entiers; lesquelles maladies ont
emporté plusieurs millions d'animaux de toute
espèce, ainsi que plusieurs millions de personnes de tout sexe et de tout âge, sur
lesquelles elles refluaient par communication.

Cet auteur ajoute que, presque toujours
ces maladies des animaux survenaient à la
suite de longues pluies et quelquefois de séche-
resses. Peut-on douter, tant d'après cela que
d'après ce que nous voyons qui se passe chaque
jour, que la cause là plus certaine de ces
maladies, existe dans la nourriture, tant en
vert qu'en sec, de cesanimaux, ainsi que
dans les eaux dont ils s'abreuvent? ce qu'on
appelle contagion est donc plutôt dans la nourriture que dans la maladie même.

Je n'ai jamais douté un instant que le
claveau dans les moutons ne provienne, savoir:

1.º

1.º De ce qu'on envoye paître ces animaux dans des pâturages naturellement trop gras, et pendant les temps froids et humides.

2.º Dans ceux moins gras, mais trop aquatiques.

3.º Lorsque l'herbe, quoique saine en elle-même est encore mouillée, ou qu'il y a de la rosée.

4.º Lorsqu'il tombe de la pluie ou de la neige, et que l'on rentre ces animaux dans la bergerie ayant leur laine encore mouillée et crottée.

5.º De ce que ces bergeries n'étant pas assez spacieuses ni assez aérées, les animaux y étouffent de chaleur, ou sont suffoqués par la mauvaise odeur qui s'y répand.

6.º De ce qu'on ne vide pas assez souvent ces bergeries de leurs fumiers.

7.º De ce qu'on laisse ces animaux faire leur méridienne aux ardeurs les plus brûlantes du soleil, en plein champ, et sans être à l'ombre, où ils s'accroupissent entassés les uns sur les autres, et où, en baissant la tête, crainte des mouches, ils ne respirent qu'une odeur infecte, provenant de leurs urines, crottins, haleines, suint de leurs laines, et autres émanations, ainsi que des eaux croupissantes, boueuses, ou autrement

4.

corrompues, dont ils s'abreuvent avec avidité, en sortant de ces espèces de fournaises.

L'insuffisance en fourrages sains, pour bien nourrir en sec et à couvert, au moins pendant les intempéries, les animaux, notamment ceux de travail et autres de garde, nécessitent la plupart des laboureurs d'envoyer les leurs dès qu'ils ont quitté la charrue ou autres travaux pénibles, pâturer dans les champs, où des essaims de mouches et de taons leur tirent plus de sang que ne leur en répare l'insuffisante et mauvaise nourriture qu'ils y prennent, indépendamment des plaies qui leur en restent. On les envoye paître dans les prés ou pâtis, pendant la nuit, lorsqu'il tombe de la pluie ou qu'il y a de la rosée, et le lendemain on les fait travailler ; ils suent beaucoup, sont efflanqués, réduits sans force ni courage, on les frappe impitoyablement. O cruauté ! Que ne puis-je retenir le bras de celui qui l'exerce !

Nourrit-on ces animaux à l'écurie, on leur donne tout au plus le quart en foin de ce qu'il faudrait pour les rassasier, et le surplus en paille, qui souvent n'est pas de la meilleure qualité.

Dès l'âge de deux ans, on attèle des poulains qui sont si petits et si peu formés, qu'on les prendrait volontiers pour des chèvres ; la nécessité fait que l'on attèle également des vaches à lait : aussi, le produit de leur mamelle est très - faible et de très - mauvaise qualité.

Presque en général, les écuries et étables ne sont pas assez spacieuses , pas assez aérées, et sont trop basses.

Dès en quittant le sein de notre mère, et jusqu'à notre dernière heure , nous nous substantons en grande partie de viande, de lait , de beurre, de crême , de fromage , de sang, et même d'os, provenant de plusieurs de ces animaux. L'espèce de transfusion qui s'en opère nous indique assez que notre santé dépend beaucoup de la leur, et que l'altération qui lui survient a , en grande partie , son origine dans l'insalubrité des fourrages dont ces animaux se nourrissent.

Malgré la surveillance la plus active , combien n'y a-t-il pas de ces animaux qui, étant gangrenés , sont conduits à la boucherie ; et quels inconvéniens n'en résulte-t-il pas aux personnes qui en consomment la viande ?

Le cheval, notamment celui de belle espèce, n'acquiert la force, le courage, l'élégance des formes et autres qualités dont il est sus-

ceptible qu'à l'âge de six à sept ans. A 8 ans
il ne marque plus, et perd un tiers du prix qu'il
valait deux ans auparavant. Il est usé à douze
ou quinze ans, et le plus communément il
n'existe plus à vingt, tandis qu'au rapport
de M. de Buffon et autres, tant naturalistes,
hippiatres, que vétérinaires, on en a vu
vivre jusqu'à 40 et même 50 ans.

Il est généralement reconnu que les chevaux du nord et ceux d'une partie de l'oc-
cident sont plus forts, mieux membrés, cor-
pulés, et ont une longévité plus grande que
la plupart de ceux du centre de l'Europe.
La raison en est que les premiers sont en
grande partie nourris avec des foins artificiels, de bonne pâture, et que l'on évite autant
que l'on peut de les laisser paître pendant
les temps de pluie, ou lorsqu'il y a de la
rosée.

Au surplus, ce qui se manifeste à la portée
des conceptions humaines est insuffisant pour
calculer la somme de maux résultant à beaucoup d'égards, tant du défaut d'abondance
suffisante de ces foins, que de l'impossibi-
lité où l'on a été jusqu'à présent, de supprimer la plupart de ceux naturels, ainsi
que beaucoup de mauvais pâturages.

Enfin, veut-on faire disparaître, au moins

en grande partie, cette différence énorme qui existe entre le cheval et le cheval, le bœuf et le bœuf, et autres animaux de même espèce, d'un département avec ceux d'un autre, on y parviendra beaucoup plus facilement en mettant de l'uniformité dans la quantité et la qualité de leur nourriture qu'en faisant croiser les races.

En effet, si un bel étalon, croisant avec une femelle déformée, produit un bel élève, il arrive souvent que les descendans de ce dernier, n'étant pas mieux nourris qu'ils le sont, reprennent les vices de sa maternité, dès la première ou seconde génération.

Indépendamment de ce qui résulte de l'insalubrité du foin naturel, de certains pâturages, et de la manière d'en nourrir ces animaux, c'est que, quand même ce foin serait plus sain, la quantité n'en est pas assez grande. Ce qui le prouve assez évidemment, est que, quoique l'on en ait fait des récoltes assez abondantes les dernières années, que la plus grande partie des chevaux de troupes ayent été nourris à l'étranger, que l'on n'ait point fait d'exportation, et que le nombre des animaux soit insuffisant, il ne reste point de ces fourrages en masse, et que le prix s'en soutient même assez cher.

Sous tous ces aspects , il faut avoir recours aux foins artificiels , qui composent la nourriture non-seulement la plus saine , mais encore la mieux appropriée au goût de toute espèce d'animaux herbivores. J'en ai acquis l'expérience tant pratique que de théorie, pendant plus de 30 ans. Voici, au surplus , ce que s'accordent à dire à cet égard les botanistes, tant anciens que modernes, dont j'ai pu me procurer les ouvrages , ce dont conviennent les artistes vétérinaires que j'ai consultés , et ce que personne ne conteste.

« La bonne nourriture , modérément donnée, concourt à entretenir dans le cheval , comme dans tous les autres animaux , un juste équilibre entre les solides et les fluides. Il résulte de cet accord une santé ferme et vigoureuse. Au contraire, les mauvais alimens troublent cette harmonie : d'où suivent quantité de maladies graves et quelquefois mortelles. Ce sont ces mêmes maladies qui nous ont fait méditer scrupuleusement sur leurs genres et leurs causes ; et c'est d'après leurs symptômes , leurs progrès, et les impressions quelles font sur les viscères du cheval , que nous avons attribué la plupart de ces accidens à une nourriture acide , âcre , corrosive , en un mot , pernicieuse et rendue telle , tantôt par le mélange du fourrage, tantôt par sa corruption. Les chevaux ne sont exposés à prendre une mauvaise nourriture que dans leur état de domesticité. Libres et abandonnés à eux-mêmes pour chercher leur pâture dans les prairies, dans les bois, etc., ils n'ont garde de brouter, parmi les plantes, celles qui, de leur nature, peuvent être nuisibles à leur santé. Leur instinct seul les guide et dirige leur appétit vers les plantes propres à leur entretien. Il en est autrement dans leur état d'esclavage, ils sont obligés de se nourrir de ce que l'aveugle industrie de l'homme leur prépare et leur présente. La nécessité leur fait prendre la plupart du temps des alimens qui leur sont contraires, et leur appétit naturel, irrité par la faim, n'a pas la liberté du choix. Ainsi, quelque bien intentionné que l'homme doive être pour la conservation de cet animal si secourable, il contribue en bien des cas à sa destruction, par les soins peu éclairés qu'il prend de le nourrir. La disette du fourrage, une épargne mal entendue, la falsification que la cupidité des marchands de foin n'a que trop mise en usage, font que l'on donne la plupart du temps aux chevaux du foin moisi ou pourri par quelque altération qu'il a soufferte, ou dans le pré, pendant la fanaison, ou dans le grenier, après la récolte. Cette nourriture corrompue engendre après un certain temps le farcin, la gale, la maladie du feu, et souvent même la morve. Ces genres de maladies, qui tirent leur cause primitive d'une dépravation des humeurs, occasionnées par de mauvais alimens, deviennent la plupart épidémiques, s'étendent, se multiplient, et font les plus grands ravages dans les armées, dans les villes et dans les campagnes. Si la corruption du fourrage est si pernicieuse, son mélange avec des plantes ne l'est pas moins : de ce mélange naissent aussi des maladies bien aigues et bien funestes. »

J'ai expliqué plus haut ce qu'est le foin naturel en lui-même, son peu de substance nutritive, et les mauvais effets qu'il produit. Voici ce que sont les autres fourrages, notamment les foins artificiels.

Selon M. de Tournefort et Columelle, le sainfoin est une plante détersive, digestive, apéritive, sudorifique ; qualités par conséquent très-propres à la santé du cheval, et surtout, si on coupe cette plante avant qu'elle soit trop mûre ; et quand ses feuilles sont encore succulentes ; pourvu, ajoutent-ils, qu'on ne la donne à manger que mêlée avec du foin. Je crois moi, que le quart en bonne paille vaudrait beaucoup mieux.

La luzerne est une des meilleures nourritures que nous ayons pour les chevaux. Elle les engraisse beaucoup mieux qu'aucun autre fourrage. Elle est rafraichissante, et propre à calmer les ardeurs du sang; elle guérit les mulets de plusieurs maladies, et rien n'est meilleur pour eux, lorsqu'ils sont si maigres qu'ils ont la peau collée sur les os : les expériences que l'on en a faites sur les chevaux le confirment. Cette plante étant succulente, doit guérir les accidens en même temps que la cause des maladies. On sait également que le trèfle a à peu près les mêmes propriétés que ces deux premières espèces de plantes. Quant au ray-grass, chacun convient encore que c'est un excellent fourrage.

On dit proverbialement qu'un cheval nourri de paille est un cheval de bataille. Je conviens que celle de froment, bien fine, nouvellement battue et bien écrasée sous le fléau, est digestive et rafraichissante; mais elle est très-peu substantielle, à moins d'être mêlée avec beaucoup de bonnes plantes. Cette nourriture ne peut, sans le secours de beaucoup d'avoine, qu'entretenir les chevaux les mieux constitués et qui ne fatiguent point.

L'avoine pure, donnée modérément, est une excellente partie de nourriture pour le cheval; mais la plupart est corrompue, parce qu'on la laisse javeler trop long-temps. D'ailleurs, elle est souvent mêlée de graines qui dégoûtent le cheval ; on doit les en extraire soigneusement en la rigeant. La plupart de ceux qui en font de grands approvisionnemens pour vendre l'arrosent sur le grenier, tant pour lui donner plus de poids, que pour la faire gonfler. Il en résulte une corruption qui doit la faire dédaigner par celui qui l'achète, et par le cheval qui la consomme.

La nourriture journalière en sec, du cheval qui fatigue beaucoup, doit être composée de trois quarts de foins artificiels, d'un huitième de celui naturel, et d'un huitième de paille de bonne qualité; voilà les proportions. Quant à la quantité, elle se détermine en raison tant de la constitution, que de l'appétit de l'animal. Six à huit livres d'avoine suffisent.

Celle de celui qui ne fatigue guères, comme sont par exemple, ceux de troupes en tems de paix, dans les garnisons ou quartiers, peut être composée de moitié foin artificiel, d'un quart de naturel, d'un quart de paille, et de quatre à six livres d'avoine.

Enfin, celle de tous les autres animaux et

bestiaux , peut être réglée d'après ces proportions.

Chaque espèce de foin artificiel doit être
variée autant qu'on le peut , c'est-à-dire ;
donner du sainfoin pendant un , deux ou
trois jours , de la luzerne , trèfle ou ray-
grass ensuite , et pendant autant de temps.

Des sons , de l'eau blanche , de la paille
hachée , peuvent se donner de temps à autre
aux chevaux qui fatiguent peu , ou lorsqu'ils
ont travaillé pendant quelques jours de suite,
ou enfin lorsqu'ils sont échauffés , et notamment pendant les chaleurs d'été.

C'est au surplus de cette manière que j'ai
fait nourrir en sec mes chevaux , vaches et
autres animaux , jeunes comme vieux , sans
qu'il leur en soit résulté le moindre inconvénient ; au contraire , ils se sont toujours
entretenus en fort bon point.

Il y a environ deux ans , qu'un poulain
d'assez belle espèce , que j'avais élevé , a
péri pour avoir mangé , en paissant pendant
la nuit , du trèfle dans lequel il s'était aban-
donné. J'ai encore vu périr plusieurs autres
animaux , notamment des bœufs , vaches ,
moutons et élèves de ces espèces , par les
mêmes causes.

Dans la dernière épizootie qui a eu lieu il y a environ dix ans, notamment dans ce département et ceux environnans, j'en avais préservé mes vaches, en les nourrissant en sec avec des foins artificiels. Mais, en ayant par essai mis deux pâturer pendant des temps de pluie, dans des prés clos, où aucuns autres animaux ne communiquaient, elles en périrent au bout d'un mois. Je les fis ouvrir, et il fut reconnu que c'était de la même maladie que celle qui tuait les autres animaux des troupeaux en commun où elles n'avaient jamais été.

Evitons autant que possible, d'envoyer les animaux de garde, pâturer lorsqu'il tombe de la pluie, qu'il y a de la rosée, dans les endroits sujets à être inondés, vasés, ou naturellement trop aquatiques. Le bétail destiné pour graisse risque moins, parce qu'il n'a pas si long-temps à vivre ; et abreuvons les uns et les autres avec de bonnes eaux.

Par ces moyens, on aura dans presque toutes les parties de la France qui en sont susceptibles, des animaux de même espèce, dont les formes, le courage, la force et autres qualités se rapprocheront. Nous ne serons plus obligés d'acheter à l'étranger notamment les chevaux de troupe , qui , la plupart dégénèrent aussitôt qu'ils sont soumis aux effets de la mauvaise nourriture que nous leur donnons.

Combien est meurtrier l'usage dans lequel on est , de faire prendre aux chevaux le vert coupé , lorsqu'il est encore mouillé ou qu'il y a de la rosée dessus. On ne doit donner ce vert que lorsqu'il est un peu amorti et ressuyé ; il a toujours assez d'action dans cet état , pour purger les animaux. D'ailleurs on devrait leur donner pendant ce vert, le quart de leur nourriture en sec , et il serait à désirer que ce vert comme ce sec fussent en foins artificiels , parce que, comme je l'ai déjà dit plus haut , ceux naturels sont plus pernicieux que bienfaisans.

Aussitôt que nous aurons obtenu suffisamment des foins artificiels, abolissons l'usage des parcours et vain - pâturage des troupeaux en commun, afin d'éviter que les races déformées et de petite espèce se multiplient.

Convenons de bonne foi , que nous avons été jusqu'à présent dans une ignorance trop grande sur les parties les plus essentielles , tant de l'hygiène relative aux animaux, que de l'agriculture et de ce qui y a rapport.

L'affluence des matières que je traite

ne me permettant pas de mettre plus
d'ordre dans cet ouvrage, j'observerai ici,
que les uns attèlent les bœufs et les vaches par
les cornes, d'autres avec des colliers : on
attèle beaucoup de chevaux, jumens et mulets
employés, tant au labourage, charrois, qu'autres travaux pénibles, avec des bricoles, dont
la plupart n'ont pas plus de deux pouces de
largeur. Il est généralement reconnu, que la
plus grande force que ces animaux puissent
employer dans ces sortes d'ouvrages part du
milieu de l'épaule, il vaut donc mieux les
atteler tous avec des colliers légers, ne les gar-
nirait-on qu'avec de la toile remplie de paille.
Les premiers en auraient le cou et la tête
plus libres, et les derniers la respiration moins
gênée ; ils seraient en outre moins fatigués.

On devrait supprimer les charrettes à timon,
et ne se servir que de celles à brancards. Il
serait également nécessaire de mettre des
crampons aux fers des chevaux, jumens et
mulets que l'on employe, soit au timon, soit
aux brancards ; ils en seraient plus fermes et
glisseraient moins aux descentes, revers, et
il arriverait moins d'accidens.

Il y a, sans exagérer, un huitième de ces
animaux, notamment des chevaux de labourage, qui sont soit borgnes, aveugles, ou

qui ont la vue affaiblie, parce que l'on fend à coups de fouets les yeux de ces pauvres bêtes, faute de leur mettre des œillères, indépendamment de ce qu'on ne devrait jamais les frapper à la tête.

L'oreille de la plupart des charrues est trop longue d'un tiers. Il en résulte qu'étant constamment chargée de beaucoup plus de terre qu'elle ne devrait l'être, il faut beaucoup plus de force dans le tirage. Si, en racourcissant cette oreille, on l'écartait plus sur le derrière, et si on lui donnait plus de hauteur en la déversant, les terres en seraient aussi bien renversées et les animaux auraient beaucoup moins à tirer.

La plupart des socs de charrue sont trop applatis. Ils fendent horisontalement la terre en dessous, et enlèvent notamment celles fortes et argilleuses par lames, qui se tiennent sans se casser presque d'un bout à l'autre du champ. Si ces socs étaient plus bombés, ces lames se déchireraient verticalement : le tirage en serait moins pénible, parce que le soc serait moins chargé, et l'ouvrage en serait mieux fait.

Presque en général, les moyeux des roues de toute espèce de roulage sont trop longs d'un tiers. Il en résulte des frottemens qui rendent le tirage plus pénible, indépendamment de ce qu'ils multiplient les cahottemens.

Si l'on construisait toute espèce de voiture soit publique ou particulière, de manière que le centre de gravité, tant de leur propre poids que de leur chargement, n'appuyât que sur le milieu de l'essieu, il en résulterait moins de ces cahottemens, moins de bris et de verses. J'ai fait construire ainsi un chariot et une charrette dont je me sers depuis cinq ans, sans qu'il en soit résulté aucun inconvénient. M. Lejeune, Sous-Préfet à Lunéville, en ayant fait l'essai lui-même, et en ayant approuvé l'utilité, la fit constater par un procès-verbal, signé par six personnes de l'art. J'ai envoyé les plan et élévation de cette construction à M. le Ministre de l'intérieur qui, par sa lettre du 4 vendémiaire an XII, m'annonça que je pouvais obtenir un brevet d'invention ; mais comme j'ai craint de gêner ceux qui désireraient se procurer de ces voitures, j'ai préféré renoncer à l'honneur de ce brevet. Le poids des matériaux à employer pour cette nouvelle construction n'excéderait pas 100 livres pour les plus fortes voitures, et la dépense ne serait

guères

guères que de 20 à 24 francs de plus que celles des autres : elles dureraient plus que ces dernières.

Les herses devraient être le double plus larges qu'elles ne le sont, et devraient être brisées au milieu, sur la direction d'avant en arrière, et assujetties par deux anneaux en fer, pour tenir lieu de charnières. Il faudrait plus de force pour les trainer ; mais elles expédieraient doublement, et l'ouvrage en serait beaucoup mieux fait qu'avec celles simples.

Formons de bons et spacieux pâturages (je ne parle ni des clôtures ni des irrigations, attendu que nous avons déjà une foule d'excellens ouvrages, publiés à cet égard), favorisons la multiplication des habitations isolées, destinées à l'agriculture, et donnons-leur de l'uniformité. Détruisons les taupes, en mettant dans les trous qu'elles font en terre, des moitiés de noix, après qu'elles auront été bouillies avec des feuilles de noyer, dans de forte lessive : répandons plus soigneusement encore, les petites buttes de terre qu'elles font. Enfin, établissons une ou plusieurs louvières sur le territoire de chaque commune. Voici la figure de celles les moins dispendieuses, les plus

sûres et les moins dangereuses, tant pour les
personnes que pour les animaux domestiques.

Cette louvière, un peu différente de celles
déjà connues, se place sur un terrein plan,

soit dans un bois ou forêt, à côté ou en pleine campagne.

On lui donne vingt pieds de diamètre et même plus si on veut ; les piquets doivent avoir six à huit pouces de circonférence , sur huit pieds de hauteur , y compris deux pieds dont ils seront enfoncés en terre à la distance de quatre pouces l'un de l'autre ; l'intervalle des deux rangées aura 15 à 18 pouces : on laissera l'écorce à ces piquets.

Il faut, pour tendre cette louvière , que les deux portes qui sont marquées fermées de chaque côté de l'intervalle soient ouvertes , et que, lorsque le loup en aura dépassé une ; un cliquet, auquel il touchera, la fasse fermer avec vitesse et se clancher. Le loup , ainsi réduit dans cet intervalle , ne pouvant sauter de côté ni d'autre, ira s'essayer sur un obstacle qui se trouve à moitié de la longueur de l'intervalle ; mais ce sera en vain, attendu que cet obstacle sera élevé à la même hauteur que les piquets. On peut mettre dans l'enceinte soit une charogne , ou un animal criard, tels que les chèvres , boucs, moutons , brebis, oyes et canards ; on liera les ailes à ces deux dernières espèces ; ils seront épouvantés à l'approche du loup : mais comme il ne pourra pas pénétrer dans l'enceinte , il ne leur fera pas d'autre mal.

Si un loup se prend , et qu'il en survienne un second , ce dernier hésitera moins que le premier à entrer dans l'autre partie de l'intervalle, et pourra s'y prendre aussi. On aura soin d'entretenir ces louvières garnies, soit de ces animaux criards ou de charognes, et de faire enfouir toutes celles que l'on ne pourra pas y placer , afin que les loups n'en trouvant que dans ces louvières, s'y dirigent d'autant plus. Les renards pourront s'y faire prendre aussi.

Il est à désirer que le gouvernement autorise chaque commune à prendre les piquets nécessaires pour former ces louvières, dans les forêts, soit particulières, communales ou impériales, (sauf indemnité s'il échet) dans, ou aux environs desquelles on les placera.

Comme il faut autant que possible prévoir les observations que la myopie de ceux qui ne sont que peu ou point du tout initiés dans les vrais principes, tant de l'agriculture que de la végétation , pourrait faire. Examinons avec quelques détails, ce que l'on entend par le prétendu repos que l'on invoque tant, mais que l'on conçoit le plus généralement si mal, concernant les terres arables, qu'on laisse, chaque trois ans, en versaines ou guérêts.

Pour cet effet, il faut considérer, qu'en général, ces terres renferment diverses espèces de sels végétaux, appropriés à chaque nature de sol ; que chacune de ces espèces, ayant ses appétits pour le genre de production qui lui convient, et ses aversions pour celui qui ne lui convient pas, veut être épuisée tour-à-tour, attendu qu'étant relative, elle ne concourt point avec d'autres à produire le même genre de plantes.

Une preuve de cela est que, si dans un quarré donné de terre végétale, on plante ou sème, par exemple, des melons, des œillets, de l'absinthe, de la cigue aquatique, et de la tanésie, l'odeur fétide de cette dernière n'influera point sur celle suave de l'œillet ; l'amertume de l'absinthe n'influera point sur la douceur du melon, et la salubrité de celui-ci n'influera point sur les effets mortels de la cigue.

Nous trouvons la même preuve, dans ce qui se passe dans les jardins botaniques, ceux ordinaires, les prés, les bois, les champs, et relativement aux nuances des fleurs.

On doit conclure de là, que c'est contrarier le vœu de la nature, que de soumettre ce principe végétal aux lois trop arbitraires, soit de la monotonie, soit de variantes mal combinées.

Si toutes les espèces de sels végétaux ne concourent pas ensemble à produire et faire croître, dans un même local, le même genre de production, il est bien évident qu'il y a beaucoup de ces sels qui, frappés d'une espèce de stérilité, faute de semence qui leur soit appropriée en choses utiles, ne produisent que quelques fantômes, qui sont ces herbes ou plantes que l'on appelle parasites, tandis que les autres sels auxquels on fournit la semence qui leur est propre, diminuent en produisant des choses utiles.

En effet, si l'on ensemence le même champ en bled pendant plusieurs années de suite, son produit va toujours en diminuant, et finit par ne pas représenter la semence que l'on y a mise, parce que, les sels propres à ce genre de production s'en épuisent, tandis que les autres abondent.

Il est certains genres de production qui épuisent moins les sels qui leur sont propres, que ne le font les grains des leurs : par exemple, ceux qui produisent l'herbe dont on fait le foin, ceux qui produisent le bois pendant plusieurs siècles, semblent être inépuisables. Si on les défriche et qu'on les ensemence en grains, ils en produisent très-abondamment pendant plusieurs années de suite, sans qu'il soit besoin d'y mettre de l'engrais.

Laisser les terres arables en versaine, n'est leur donner un repos nécessaire, qu'autant que l'on veut ne leur faire produire que des grains pendant deux ans sur trois. Mais, ce prétendu repos est inutile, si on veut leur faire produire des foins artificiels, soit chaque trois ans, ou alternativement, parce que, comme je l'ai déjà dit, tandis qu'une espèce de sel végétal s'épuise en produisant ce qui lui est propre, celle qui n'y concourt point se régénère sans en éprouver aucune altération.

Déchirer la terre par deux ou trois labours qu'on lui donne pendant le temps qu'elle reste en versaine, est en ouvrir les pores, et en soumettre le principe végétal à la rigueur et à l'inclémence de la température. L'état spongieux dans lequel ces labours la convertissent et l'entretiennent, fait que les eaux pluviales s'y introduisant en trop grande quantité, et y séjournant trop longtems, la lavent, divisent et noyent ces sels ; la filtration de cette décomposition et de l'engrais, se fait et descend le tout au-dessous de la terre végétale, ou l'entraine par le ruissellement de ces eaux, soit dans les ruisseaux, rivières ou marais plus bas.

Je sais qu'en exploitant les terres à la manière actuelle, ces labours sont indispensables, tant pour les diviser que pour détruire les herbes et plantes parasites, qui, s'y multipliant, nuiraient aux productions utiles que l'on voudrait y obtenir ; mais, la fraîcheur qu'entretiendront à ces terres les foins artificiels, l'empêchement qu'ils mettront à l'accroissement de ces herbes parasites, la destruction d'une immense quantité d'insectes qui en résultera, et le dépérissement des racines et feuilles de ces foins, engraissant et mobilisant les terres, ce concours, dis-je, suppléera à ces labours.

C'est en produisant ces foins, que la terre, jouissant à son intérieur du repos réel dont elle a besoin, opérera cette fermentation régénératrice des sels végétaux, propres à produire des grains l'année suivante. Les expériences partielles qui s'en font chaque année sur le territoire de presque toutes les communes, le démontrent, et leur résultat est plus propre à en convaincre que ne serait celui de toutes celles que l'on pourrait faire sur une seule localité.

On peut comparer cette fermentation à celle qui s'opère dans la pâte dont on fait le pain. Si on la tourmente trop, son levain se paralise, elle se désunit et on ne peut plus la rassembler ni en former de bon pain : donc le produit des foins artificiels ne peut nuire à celui des grains ou légumes.

On dira peut-être encore que, tel qui aura son champ enclavé dans les autres, au milieu d'un assolement, ne pourra le récolter lorsqu'il le jugera à propos, sans faire du dommage à ceux voisins. J'observe à cet égard que, la récolte de tout un assolement devant se faire en même temps, il n'y aura pas plus de dommage à faire ou à craindre, qu'il y en a pour les grains et pour les prés ouverts ; que d'ailleurs, on peut pratiquer deux chérières croisées dans chaque assolement, et qu'elles seraient même néces-saires pour porter les engrais, faire les labours et la récolte des grains.

Du lin et du chanvre.

On peut classer le chanvre et le lin parmi les

objets de nécessité ; car il n'est guères possible de se passer, tant de toile que l'on emploie brute, que de linge de corps et de table, de cordages, tant sur terre que sur mer.

La nature du sol n'étant pas propre partout à ce genre de production, le rend souvent très-cher, et la santé de tel individu qui ne peut pas changer de chemise lorsque la sienne est baignée de sueur ne peut qu'en être altérée. Il est des familles qui souffrent beaucoup de la privation de ces toiles de ménage, dont elles pourraient en grande partie se vêtir pendant l'été.

Dans ce pays-ci, on loue jusqu'à 30 écus par an certains jours de terres propres à produire le chanvre. Il est à espérer que les moyens que je vais indiquer pour amender les terres, remédieront à cette cherté et rareté.

Si ce genre de production est nécessaire, son rouissage est extrêmement pernicieux dans la plupart des communes. On trouve à cet égard, dans l'annuaire statistique du département de la Seine-inférieure, pour l'année 1807, le passage suivant, que l'on peut appliquer à presque tous les autres départemens.

« On continue d'empoisonner les eaux et d'infecter l'air dans les communes où le lin et le

chanvre se cultivent , malgré tous les soins qu'a
pris l'administration pour faire connaître le rou-
toir de M. Bralle , et substituer une manière de
rouissage plus saine , plus expéditive , plus éco-
nomique, à celle qui est en usage. On présumait
bien que la nouvelle méthode ne serait pas
adoptée de prime-abord ; mais on espérait que
l'exemple donné par quelques propriétaires
aisés , éclairerait les autres sur le bénéfice que
doit procurer cette méthode. L'espoir a été
trompé, l'exemple n'a pas été donné ; et cependant des raisons d'intérêt et de salubrité com-
mandent de faire cesser le plutôt possiblé ,
l'empire d'une routine dangereuse, et qui nous
prive en outre de cultiver le chanvre et le lin ,
dans des terres qui seraient très-propres à leur
culture , mais qui sont trop éloignées d'eaux
dont on puisse disposer pour le rouissage. »

On peut ajouter qu'il est expressément défen-
du , par l'ordonnance des eaux et forêts, de
mettre rouir le chanvre dans les eaux courantes
qui peuvent servir de boisson ; car celles dans
lesquelles on macère le chanvre , deviennent
un très-dangereux poison pour ceux qui en
boivent ; et les antidotes les plus excellens,
même donnés à temps, ont bien de la peine
à y remédier. Faut-il s'étonner d'après ce

concours , s'il meurt tant de personnes ét tant d'animaux, les mieux constitués, sans que l'on en sache la cause.

Il existe peu de villages et de hameaux, où il ne se trouve une pente suffisante, pour conduire les eaux dans des endroits bas, et qui n'ont point d'autres issues. Il serait à désirer que l'autorité obligeât à y former des routoirs, et empêchât, sous des peines sévères, de se servir de ceux qui communiquent avec les mares , ruisseaux ou rivières.

De l'engrais des terres.

L'engrais est pour la terre , le régénérateur de ses sels végétaux et l'un des principaux agens de sa fertilité ; mais il faut qu'il soit distribué en raison du besoin qu'elle peut en avoir, et approprié à chaque nature de sol.

La plupart des terres , notamment celles arables et celles en nature de prés, ne reçoivent pas la vingtième partie de l'engrais qui leur est nécessaire. Doit-on s'étonner d'après cela, que beaucoup de fermiers ruinent leur fortune, et que les terres produisent si peu qu'elles le font ?

Il n'est point inutile d'observer que , s'il y a

des propriétaires qui exigent des prix de fermage trop considérables, il est aussi des fermiers
assez adroits, pour ne se soumettre à les payer
que parce qu'ils profitent de la durée de leur
bail, pour engraisser leurs biens propres, avec
les fumiers que produisent les fourrages pro-
venans de ceux affermés. Mais ce système peut
encore obvier à ces inconvéniens, au moyen
d'autres engrais que je vais indiquer, que l'on
doit substituer au fumier.

Le fumier provenant du crottin des animaux,
mêlé avec de la paille, est sans contredit un bon
engrais, lorsqu'il est bien consommé; mais, lorsqu'il n'est que mi-pourri, il produit peu d'effet
comme engrais, et brûle souvent les productions, indépendamment de ce qu'il est le repaire
d'une immense quantité d'insectes qui ne le
quittent qu'après l'avoir desséché en se nourrissant du jus et autres principes végétaux qu'il
renferme.

La manière la plus générale de former les
masses de cette espèce d'engrais, ne peut qu'en
diminuer beaucoup la quantité et la qualité.

En effet, on les place dans des endroits,
soit trop élevés, soit trop en pente ; il en
résulte que le jus s'en échappant, tant par

la pression de leur propre poids, que par le lavage qu'en font les eaux pluviales qui, tombant dessus, filtrent au travers, il n'en reste que les parties les moins propres à former un bon engrais.

Il vaut beaucoup mieux placer ces masses dans des endroits enfoncés , les arroser et faire ensorte qu'elles baignent dans leur jus, plutôt que de les faire ainsi dessécher.

Le moyen d'augmenter du double le volume de ces masses , et de leur donner encore plus de qualité , consiste à mettre dessous , et alternativement après, avec ce fumier, des couches de bonne terre prise en plein champ.

On devrait porter des terres sablonneuses, ou autres légères et menues, aussi prises en plein champ , sur celles fortes et argilleuses , et de celles-ci sur les premières ; mais toujours en les engraissant un peu. Ce mélange divise les unes et fortifie les autres.

Nul doute que les cendres, la marne, le plâtre, la chaux, le mortier provenant de vieux murs démolis, la houille, les boues de ville, le curement des mares , fossés , rivières et étangs , qui sont tous corps gras, contenant beaucoup de sels végétaux, ne soient d'excellens engrais; mais comme on n'en trouve pas partout, et qu'ils sont trop chers pour ceux éloignés des lieux où il y en a, il faut y suppléer avec ceux suivans.

Le meilleur engrais pour toute espèce de terre, soit arables, en nature de prés, vignes, chenevières et jusqu'aux jardins, consiste à faire calciner des terres prises en plein champ, et de les répandre dessus. C'est le moyen le moins dispendieux, parce qu'il évite les frais de convoi, souvent très-long et très-pénible.

Cette opération est facile, au moyen d'une espèce de grillage en fer et de forme convexe, que l'on couvre de ces terres; on met le feu à quelques mauvais combustibles comme des pailles, fumier non-encore pourri, fougères, feuilles, genêts, bruyères et autres semblables, dont la flamme s'élevant, passe à travers ce chargement. Une voiture de ces terres ainsi calcinées, vaut mieux que trois du meilleur fumier, et coûterait moitié moins de mal et de dépense.

On trouve la preuve de la bonté de cet engrais, dans toutes les places où l'on a fait du feu, car il y vient des grains abondans, et autres productions pendant plusieurs années de suite, sans y mettre aucun autre engrais. D'ailleurs, l'odeur qui en reste à la terre tue les insectes. Je ne puis trop insister sur l'emploi de cet engrais , qui est d'ailleurs très-connu , et dont on se sert dans beaucoup de départemens , où la nature du sol est de la plus médiocre qualité.

Un autre moyen serait de brûler de ces espèces de combustibles , sur les chaumes des blés ou seigles , ainsi que je l'avais indiqué par mon premier mémoire.

M. Delille nous dit à cet égard , dans la note 23.e de sa traduction des Géorgiques de Virgile, livre premier.

« L'usage de brûler les chaumes s'est conservé en Italie. Fontanini , dans son histoire des antiquités d'Horta , raporte à ce sujet une anecdote singulière. Marie Lancisius , qui avait beaucoup de crédit auprès du pape Clément XI, incommodée par la chaleur que causait l'incendie des chaumes dans les campagnes voisines de Rome, persuada au souverain pontife de proscrire cet usage par un édit. Le pape fit part de ce projet au cardinal Nuptius, qui l'en détourna en lui représentant l'antiquité et l'utilité de cet usage, et en lui citant ces beaux vers de Virgile. »

Cérès approuve encore que des chaumes flétris
La flamme en pétillant dévore les débris ;

Soit

Soit que les sels heureux d'une cendre fertile
Deviennent pour la terre un aliment utile ;
Soit que le feu l'épure et chasse le venin
Des funestes vapeurs qui dorment dans son sein ;
Soit qu'en la dilatant par sa chaleur active,
Il ouvre des chemins à la sève captive ;
Soit qu'enfin resserrant les pores trop ouverts
D'un sol que fatiguait l'inclémence des airs ;
Aux froides eaux du ciel, au souffle de Borée,
Au soleil dévorant il en ferme l'entrée.

Je sais que les pailles étant indispensables
actuellement pour aider à nourrir les animaux,
on ne pourra les employer à former ces sortes
d'engrais, qu'après que l'on se sera procuré
les foins artificiels pour les remplacer. On
pourra, dis-je, d'autant mieux les y employer,
alors, qu'indépendamment de ces foins, le
produit de la plupart des prés naturels et
pâturages sera presque doublé, au moyen de
l'engrais que l'on pourra y mettre.

Combien sont dupes de la dépense que
font, et du temps qu'employent les habitans
des montagnes, en allant jusqu'à 25 lieues au
loin, chercher des cendres lessivées, qui leur
coûtent fort cher, pour amender leurs terres,
puisqu'en en faisant calciner, avec de ces mau-

6.

vais combustibles qui abondent dans leurs
environs: cet engrais ne leur reviendrait tout
au plus qu'au quart de ce que leur coûtent
les cendres, et leur ferait autant de profit.

De la Carie des grains.

Le blé étant spécialement destiné à la nourriture de l'homme, qui ne peut pas se procurer d'aliment plus sain, plus agréable, ni
plus facile à préparer, est le but principal
de l'agriculture ; mais il est sujet à des inconvéniens qui en diminuent la quantité et
la qualité.

Du nombre de ces inconvéniens, l'espèce
de carie qui convertit ce grain en poussière
charbonneuse, collante et fétide dans l'épi,
est la plus redoutable, en ce qu'indépendamment de la perte presque toujours totale du
grain qu'il contient, cette poussière s'attache
(par l'effet de la battaison) si fortement à
ceux qui en ont été préservés, qu'ils en sont
noircis, et qu'on ne peut l'en détacher qu'en
les bien lavant à plusieurs eaux ; mais l'opération en est si embarrassante pour ceux qui
en ont beaucoup, que les cultivateurs ne la
font que rarement.

D'ailleurs, si on lave ces grains, et qu'on

ne les fasse pas bien sécher aussi-tôt, ils ne peuvent que se corrompre étant mis en tas, se moudre mal, et produire un mauvais pain.

Ces grains n'entrant guères dans le commerce que pour être soumis à cette opération, la plupart de ceux qui les achètent après sont trompés ; mais comme ils se vendent à un prix inférieur d'environ le 6.ᵉ que les autres, c'est le plus communément l'agence des établissemens de grande consommation qui les réunit.

Si cette corruption ne résulte pas de ce lavage, cette poussière en étant une en elle-même, ne peut, de quelque manière que ce soit, qu'être dégoûtante et mal-saine pour ceux qui consomment le pain provenant de ces grains ; il en est de même à l'égard des animaux que l'on nourrit avec les pailles noircies et infectées par cette poussière. J'ai vu périr, dans l'espace de deux heures, un jeune et vigoureux cheval, pour avoir mangé des hautons où il y avait beaucoup de cette poussière.

En 1788, cette carie était si forte dans de certains champs, (tandis que ceux voisins n'en avaient que peu ou point du tout), que plusieurs personnes dont les leurs en étaient trop atteints, vendaient sur pied les blés qu'ils avaient produits. J'en achetai environ 300 jours qui, joints à des dîmes assez considérables que j'exerçais, comme faisant partie de domaines que je tenais à bail, me firent un volume si considérable, que n'ayant pas assez de place pour les loger, je fus obligé d'employer 15 à 20 batteurs à la grange, pour me débarrasser. Trois de ces batteurs étant tombés malades, pour avoir respiré de cette poussière, les autres se refusèrent à continuer mes battaisons, et je n'obtins qu'ils les continueraient, qu'en augmentant d'un tiers le prix courant. Ces derniers ne se garantirent des mauvais effets de cette poussière qu'en se couvrant le visage avec de la toile claire, qu'il fallait secouer chaque demi-heure.

Enfin, il y a des années où cette carie entre dans la proportion du 15.e au 20.e du produit total du champ où elle s'adonne.

Cette matière a, dans presque tous les temps et dans tous les lieux policés, été l'objet des recherches des meilleurs physiciens, et de la sollicitude de chaque gouvernement. Des prix ont été mis au concours, et plusieurs ont été décernés à ceux qui, à la faveur du spécieux, ont su le mieux éblouir, tant sur les causes qu'ils supposaient à cette maladie, que sur les moyens qu'ils indiquaient, soit pour la détruire, soit pour en combattre les effets. et la nature, plus belle que l'art, suppléant quelquefois à l'erreur, chacun a imputé le mérite de n'avoir, de temps à autre, que peu de cette carie, à des spécifiques, dont les effets relatifs étaient purement chimériques.

L'opinion la plus généralement reçue jusqu'à présent, sur les causes de cette espèce de carie, est qu'elle procède des intempéries passagères du climat. D'autres l'imputent à de certaines circonstances souterraines qui paralysent où corrompent le germe de la semence ; à sa mauvaise qualité naturelle ; *mais personne n'a développé ce dernier cas*, aux fumiers mal consommés. Enfin, l'on a prétendu que cette maladie était, tant héréditaire que contagieuse, et comme telle, indestructible.

On a même cru avoir acquis la preuve de cette hérédité et de cette contagion, par le résultat d'expériences, tant physiques que chymiques, que l'on a faites à peu près de la manière suivante.

On a tiré de l'huile de cette poussière, on y a fait tremper des grains de blé, que toutes

les apparences annonçaient être très-sains et
mûrs ; puis on les a semés dans un terrein
bien préparé. Ces grains ayant germé, se sont
accrus et sont parvenus en maturité; mais, comme dans le nombre des épis qu'ils ont produits,
il s'en est trouvé qui, au lieu de contenir
du grain, ne contenaient que de cette poussière; la carie, dis je, a été déclarée, tant
héréditaire que contagieuse, par communication ; fondé, disait-on, sur ce qu'elle se
reproduisait d'elle-même ; et j'ai également
cru à tout cela, tant que je n'en ai pas su
davantage.

Cette carie continuant d'être à peu près ce
qu'elle a été de tout temps, je me suis appliqué
à rechercher, parmi la diversité de ces opi-
nions, laquelle des causes données jusqu'à
présent, pouvait être la plus certaine: et le résultat de ces recherches m'a conduit aux réflexions dont le détail va suivre ; mais, comme
je n'ai pas pu me convaincre de leur exac-
titude par des expériences suffisantes, attendu que la saison propre à les faire était passée,
je soumets ces mêmes réflexions à la bonne
foi des physiciens qui voudront bien s'en occuper en faveur de l'utilité publique, en attendant
la seconde récolte des grains qui suivra celle

prochaine ; seconde récolte, qui est le temps
où chacun pourra seulement, mais très-faci-
lement faire ces essais. J'expliquerai cela plus
bas.

D'après le résultat de mes recherches, cette
carie n'est ni héréditaire ni contagieuse, mais
simplement accidentelle, et l'on peut très-faci-
lement prévenir et éviter ce dernier cas, en
ce qu'il n'arrive que lorsqu'on ne laisse point
parvenir en parfaite maturité les grains que
l'on employe pour semence. Voici, je pense,
comment s'opère cette carie.

Il est généralement reconnu que chaque
grain, tant de blé, seigle, orge, qu'avoine,
parfaitement formé et mûri, renferme plusieurs
germes reproductibles, puisque celui employé
pour semence produit plusieurs tuyaux ou
fétus qui portent chacun un épi ; mais pour
me faciliter dans cette démonstration, je sup-
poserai ici que chaque grain ne contient qu'un
de ces germes.

Ce germe est composé de deux substances
différentes l'une de l'autre, quoiqu'adhérentes
ou attachées ensemble.

J'appellerai *pailleuse* la première de ces
substances, et *graineuse* la seconde.

Celle pailleuse est destinée à produire le tuyau ou fétu, et celle graineuse à produire le grain contenu dans l'épi.

Celle pailleuse est plus précoce, tant pour germer, s'accroitre, que pour parvenir en maturité ; elle est également plus vivace et plus robuste que ne l'est celle graineuse.

Celle pailleuse est plus précoce, en ce qu'étant ce que l'on peut appeler le contenant de celle graineuse, il faut qu'elle précède celle-ci dans la germination ; l'accroissement et la maturité respectifs qui doivent en quelque sorte leur être communs.

Elle est plus vivace, parce qu'elle est destinée à chercher par ses racines, et à appéter les sels et sucs terrestres alimentaires, tant pour elle que pour l'autre.

Elle est plus robuste, en ce qu'elle est destinée à contenir dans la cavité du fétu qu'elle produit, celle graineuse qui s'y substante et y prend son accroissement, jusqu'à ce que l'épi, sortant de sa capsule, soit formé et mûri.

Enfin elle est plus robuste, parce qu'elle est destinée à préserver dans cette cavité, celle graineuse des rigueurs de la température et autres accidens, ainsi qu'à la soutenir dans l'attitude qui lui convient.

Si de ce concours il résulte un épi, et si le grain qu'il contient parvient en parfaite maturité, nul doute que si on l'emploie comme semence, il ne produira point cette carie; mais si ce grain ne parvient pas à cette maturité, comme la substance pailleuse pourra en avoir acquis assez, attendu qu'elle est la plus précoce, elle reproduira le fétu. Mais, quels que soient les efforts de la nature, ils ne produiront que le fantôme du grain dans l'épi, qui est cette poussière charbonneuse, et voilà, je pense, comment peut s'opérer ce presque mystérieux, mais pernicieux phénomène de la nature, auquel on a donné tant d'autres causes chimériques.

Soit dans le règne végétal, soit dans celui animal, on n'a jamais vu produire autre chose que de ces monstruosités, à toute espèce de semence, qui n'était pas perfectionnée en maturité. Une preuve de cela est que, si l'on sème sur une couche, un pépin de melon qui ne soit pas assez mûr, le pied pourra lever, mais il ne produira point de fruit. Il en est de même des arbres des pépinières qui ne réussissent point.

Si une jument, une vache, sont couvertes par un poulain, un taureau encore trop jeunes, elles avortent en jettant un amas informe et corrompu.

Si cet apperçu est exact, on ne doit plus s'étonner de voir que le fétu qui porte un épi dont le grain est carié, vient aussi beau que ceux dont les épis sont sains, puisque cette paille n'a pas besoin, pour être en état de se reproduire, d'attendre la maturité de la substance graineuse qui avorte.

. Je ne doute cependant pas, qu'un grain de blé de semence, qui a acquis toute sa maturité, éprouvant quelque accident, n'occasionne une altération quelconque, dans celui qu'il reproduit ; mais ce ne sera jamais une carie de l'espèce dont il s'agit.

L'on dira peut être qu'il se trouve des épis qui ne sont qu'à demi cariés: j'en conviens, mais c'est parce qu'il n'y a eu que quelques parties du germe destiné à produire sain e tout, qui ont été frappées de paralysie, à défaut de maturité, tandis que les autres l'avaient acquise.

J'admets au surplus que, puisque je n'ai pas encore pu me convaincre par des expé-

riences suffisantes sur ce qui est l'objet de
cette démonstration, l'on ne considère que
comme conjectural, ce que je crois pouvoir
annoncer comme étant quelque chose de plus ;
mais, en attendant que le résultat des essais
mette à même de juger si je me trompe ou non ;
je conseille fort à ceux qui m'accorderont quelque confiance de ne récolter les grains de semence qu'ils devront employer, qu'après qu'ils
auront acquis leur parfaite maturité. C'est par
cette raison, que j'ai dit plus haut que l'on ne
pourra faire ces expériences qu'à la troisième
récolte des grains, attendu qu'il faut s'assurer
de la maturité de la semence un an à l'avance.

Quelle que soit la maturité que paraît avoir
acquis l'ensemble d'un champ de blé, il faut
toujours éviter de prendre pour semence
celui de ces grains qui croît dans la raye
des planches ou sillons, le long des hayes,
sous les arbres qui donnent trop d'ombrage,
ni dans les terreins bas, aquatiques ou seulement humides : car ils ne sont jamais aussi
mûrs que les autres, et ce sont ordinairement ceux qui donnent la carie.

J'observe, sur l'expérience dont j'ai parlé
ci-devant, au moyen de laquelle on a prétendu avoir tiré la preuve, tant de l'hérédité

que de la contagion de cette carie, savoir :

1.º Qu'il n'est pas certain que le blé dont on s'est servi pour semence avait acquis sa parfaite maturité.

2.º Que l'huile dans laquelle on l'a trempé, où que l'on a jettée dessus, étant empyreumathique, a pu être corrosive pour le germe du grain, au moment où en se développant, il s'est converti en gluten, pour opérer sa végétation.

3.º Que cette huile étant difficilement miscible avec les parties aqueuses, a pu intercepter l'humidité, la fraicheur nécessaires pour faciliter la germination et la végétation du grain, et que de ce concours il a pu résulter une altération propre à produire une autre espèce de carie.

4.º Que si cette poussière pouvait se reproduire, ce ne serait qu'autant qu'elle serait dans son état naturel ; mais que, décomposée par la distillation, comme l'a été celle qui a servi à cette épreuve, il n'a pu lui rester après, non plus qu'à l'huile qu'on en a tirée, aucune vertu propre à reproduire la même espèce de carie.

5.º Que cette poussière n'étant au surplus

qu'une corruption, qu'un avortement, qu'une monstruosité en elle-même , ne peut, ni ne doit être classée parmi le règne végétal, et qu'enfin cette poussière comme cette huile ne peuvent pas plus reproduire la carie autrement que je viens de l'expliquer, que les sons et l'huile de navette ne peuvent reproduire la navette.

Si l'on sème du blé moucheté , c'est-à-dire, qui soit noirci par cette poussière, et qu'il produise la carie dont il s'agit , cela prouve d'autant moins qu'elle est occasionnée par cette poussière , qu'il arrive aussi que ce grain n'en produit pas du tout.

J'ai annoncé plus haut que les changemens qu'il s'agit d'opérer pour l'exécution de ce système sont conséquens ; mais on voit que c'est bien plus dans les avantages certains qui en résulteront, qu'ils existent, que dans l'œuvre à faire pour les obtenir.

J'ai également annoncé que toutes les classes y participeront dans des proportions gardées , et en raison de leurs facultés relatives. En effet , l'abondance qui résultera en beaucoup de choses qui ont rapport à ce système , assurant la baisse dans leur prix actuel, tous ceux

qui sont dans le cas de les acheter pour les
consommer, en jouiront, sans que ceux qui en
auront à vendre y perdent : voici comment.

Tel propriétaire qui, suivant la méthode
actuelle d'exploiter les biens ruraux dont il
s'agit, ayant, je suppose, cent paires de resaux
de revenu annuel, en retire à raison de 25
francs l'une, la somme grosse de ci.   2500 #
la diminution dans le prix sera, je
suppose, encore d'un tiers, ce qui
réduira cette somme grosse à celle
de ci. . . . . 1666 #
$\left.\begin{array}{l}\text{Mais il il faut ajouter le}\\\text{produit des foins artifi-}\\\text{ciels, montant à ci. . . . 1125}\end{array}\right\}$ 2791 #

Partant il reste toujours un bénéfice de. . . . .   291 #

Ce propriétaire profite en outre de la baisse
du prix de tous les autres objets qu'il achète
pour consommer, et l'on peut appliquer ces
données à un domaine qui rapporte 50000 fr.
comme à tous ceux qui produisent beaucoup
plus ou moins.

La classe manouvrière, commerçante,
d'arts ou métiers, non propriétaire de fonds

de terres , étant obligée d'acheter toutes les
denrées qu'elle consomme, sera, dira-t-on,
celle qui profitera le plus de cette baisse dans
leur prix. Mais quand cela serait, l'opération n'en
serait pas moins bonne. Au surplus, cette baisse
n'opérera-t-elle pas celle de la main-d'œuvre, et
les propriétaires ou fermiers ne pourront-ils pas
toujours exiger l'échange de travaux et marchandises contre leurs denrées. D'ailleurs encore, les besoins réciproques, la nécessité du bon
accord, la sagesse des loix, celle de leurs orga-
nes, ne sont-ils pas sans cesse là pour compenser
toutes choses. Procurons nous toujours l'abondance , et l'on s'occupera après des moyens
de la distribuer.

L'abus de la plupart des anciens usages en
agriculture, et de ce qui y a rapport, a produit
des effets si funestes, qu'indépendamment des
pertes énormes, des maladies désastreuses et autres inconvéniens fâcheux, qui en sont résultés,
tant aux hommes qu'aux animaux, l'erreur
en a encore été comme perpétuée et con-
sacrée en vénération.

En effet, on trouve jusques dans plusieurs
ouvrages agronomiques, rendus publics, et
au surplus intéressans, que leurs auteurs s'as-
servissant eux-mêmes à cette monotonie,
recommandent de n'admettre aucun systéme

qui aurait pour but d'introduire quelques changemens trop généraux dans cette partie.

Il y en a qui se sont même portés jusqu'à insérer dans des ouvrages qui occupent le premier rang dans nos bibliothèques publiques, que, *tous nos projets sur les bois doivent se réduire à tâcher de conserver ceux qui nous restent, et à renouveller* une partie *de ceux que nous avons détruits.*

Le simple récit de ces faits étant exact, suffit, je pense, pour en réfuter l'erreur : car dans tous les cas où l'on peut opérer, en faveur de l'utilité publique, quelque chose de mieux que ce qui existe, on doit le faire.

M. de Tschoudi s'expliquant sur ces matières nous a laissé les passages suivans : *Nous persistons dans nos erreurs jusqu'à ce qu'il vienne quelque homme de génie, assez ami des hommes pour chercher la vérité, et j'ajouterais volontiers assez courageux pour la communiquer quand il l'a trouvée..... Naurons-nous jamais de systêmes raisonnés, de distributions méthodiques des terreins, relativement à leurs productions ? je veux dire de ces systêmes fondés sur l'expérience.*

Je conviens que s'il s'agissait d'introduire

sur

sur tout le sol de l'empire, la culture de
l'indigo, des cannes à sucre, du café moka
et autres productions semblables, le résultat
d'expériences bien constatées serait indispen-
sable pour inspirer la confiance nécessaire à
ceux qui n'auraient aucune notion sur cette culture et son succès. Mais ici, comme le principe fondamental de tout ce qu'il s'agit de
faire pour l'exécution de ce système, consiste
purement à savoir si les terres arables qui
produisent du grain sont également susceptibles de produire des foins artificiels, sans
nuire à ce grain, je crois que chacun en
convenant, d'après ce qui se pratique à cet
égard sur le territoire de la plupart des communes, cette expérience doit d'autant mieux suppléer à toutes celles particulières que l'on ferait,
qu'on peut la regarder comme générale, et ses
résultats aussi certains qu'incontestables.

J'avoue cependant que l'ingratitude du sol de
certaines contrées exigerait deux labours pour
les blés et seigles ; mais on peut les donner, jusqu'à ce que ces terres soient mobilisées et amé-
liorées : il restera toujours au moins un tiers au
lieu de moitié à bénéficier chaque année.

J'ai fait plus haut la citation des renseignemens les plus essentiels que l'on demande. Ces
renseignemens consistent à indiquer les meil-

7.

léurs moyens à employer pour abolir l'usage
des versaines, afin de les utiliser en leur faisant
produire des foins artificiels, ainsi que pour
nourrir et élever les animaux domestiques ;
et je crois n'avoir rien négligé de ce qui est à
ma connaissance pour contribuer à les procurer.

Que je dise que j'ai récolté jusqu'à quatre
à cinq milliers de luzerne sur chaque jour
de quelques champs que j'en ai ensemencés,
et que les grains que j'y ai semés après, y
sont venus plus beaux qu'auparavant ; quelle
induction peut-on tirer de là ? Aucune, puisque chacun a eu cela de commun avec moi,
sur la même nature de sol.

Que sont au reste la plupart des expériences que l'on a faites jusqu'à présent, concernant, tant ces sortes de productions, qu'autres
à peu près semblables ? Tel qui possède un
terrein qui y est propre, l'en ensemence, la
nature fait le reste, et voilà l'effet de l'art.
Mais lorsqu'il s'agit d'obtenir la même chose
sur un autre terrein qui y est moins propre,
c'est là que je voudrais voir comment ces hommes à expériences partielles se tireraient
d'affaire, pour organiser toutes les parties
d'un système raisonné, aussi général qu'est
celui-ci ; système qui n'entraine à aucun
inconvénient, praticable presque sur toute

nature de sol, qui ne nuit à personne, et qui fait du bien à tous.

Pour bien faire un essai dont le succès puisse déterminer la multitude, il faudrait plusieurs domaines dont les terres arables de chacun fussent réunies et continssent au moins trois à quatre mille jours, avec des prés, bois et bâtimens en proportion ; qu'il y eût différentes natures de sol et expositions de sites ; mais comme il n'est guères réservé qu'au gouvernement d'avoir de semblables établissemens, sa sagesse avisera à ce qu'il y a à faire à cet égard. En attendant, la bonne volonté, la bonne foi, le besoin d'un nouvel ordre de choses dans cette partie, peuvent suppléer à tout ce que l'on pourrait croire qui manque pour mettre ce système à exécution.

En effet, la connaissance de la nature du sol et de la température du climat, étant le premier principe de l'agriculture, c'est de l'intelligence de ce principe et du détail de ses conséquences, que dépend le succès de tous les usages que l'on peut pratiquer.

Cultivateurs, les matières qui sont l'objet de cet ouvrage vous intéressent tous, et la plupart de ses détails doivent vous être utiles ; puisez dans les sources abondantes et intarissables que la nature vous offre, et que je mets à découvert, vous y trou-

verez les moyens infaillibles d'améliorer vos
champs et votre fortune. Souffrez que je vous
rappelle que l'agriculture étant le premier
et le plus essentiel des arts, tous les autres
lui doivent leur origine et leurs progrès ; que
sans les productions artificielles de la terre,
fécondée par vos mains et votre industrie,
la plupart des hommes périraient, et qu'il
ne resterait que peu de jouissances aux
autres ; qu'aussi vous occupez un des premiers rangs dans la société, et qu'à mérite
égal, vous avez, en beaucoup de cas, des
droits à la préférence. Pénétrez-vous que la
meilleure part des avantages aussi grands
que certains qui résulteront de la mise en
pratique de ce système, vous est destinée.
Songez que la nature, ainsi embellie, faisant
préférer au fastidieux des cités l'habitation
paisible de la campagne, y attirera assez de
bras pour les légers travaux que vous aurez
à faire de plus, et que la main dans laquelle vous en verserez la récompense vous
bénira, parce que vous ferez des heureux.
Enfin, soyez convaincus que les prix décernaux qui vous sont offerts, ne sont que les
avant-coureurs de ceux plus grands que le zèle
des sociétés, la sollicitude des autorités précitées et la bonté de Sa Majesté Impériale et
Royale, attachent au degré de spontanéité que

vous montrerez à y répondre, et qu'un seul
d'entre vous, par chaque territoire de commune, pouvant entraver l'effet du zèle et du
dévoûement à la chose de tous les autres,
alimenterait les maux qui existent, et qu'il est
nécessaire et urgent de détruire.

Je terminerai cet ouvrage, en observant que
les renseignemens y contenus, ne peuvent qu'ê-
tre très-utiles, tant aux propriétaires, fermiers,
qu'autres personnes qui élèvent ou gouver-
nent des animaux herbivores de toute espèce ;
les raisons principales en sont :

1.º Que rien ne peut mieux justifier l'utilité
de ces mêmes renseignemens, que la demande
qu'en font les sociétés précitées, le contenu
du décret de S. M., les maux qui existent
et l'intérêt général et particulier.

2.º Que ceux que je donne étant le fruit tant
de l'expérience pratique, que de combinaisons
scrupuleusement réfléchies, ne peuvent rai-
sonnablement être contestés, et qu'en tout cas,
je crois être en état de résoudre les observations
y relatives, que les autorités pourront me
faire si elles le jugent à propos.

3.º Que le style de cet ouvrage étant simple, rend ses détails et son ensemble d'autant
plus faciles à concevoir, que j'ai évité d'y
introduire aucune matière étrangère, tant à

l'agriculture et ce qui y a rapport, qu'à l'hygiène relative aux animaux herbivores domestiques, et à la destruction de ceux les plus mal-faisans.

4.º Qu'aux renseignemens essentiels et inconnus jusqu'à présent, qu'il contient, il réunit beaucoup de ceux déjà connus, mais dont l'éparsité était si grande, qu'ils restaient presque aussi caducs que s'ils n'avaient aucun objet.

5.º Que j'y démontre non-seulement la cause de beaucoup de maux dont on se plaint, mais encore la facilité, l'urgence et la nécessité d'y remédier.

6.º Que la mise à exécution de ce système ne préjudicie en rien à l'intérêt soit général ou particulier, et ne peut que tourner à l'avantage de toutes les classes.

7.º Qu'indépendamment de ces avantages, loin que la méthode actuelle d'exploiter la plupart des biens ruraux, soit susceptible d'amélioration, elle ne peut qu'aller en dépérissant.

8.º Que s'il est facile et nécessaire d'augmenter et améliorer la nourriture des animaux, sa consommation est encore assurée.

9.º Que l'on ne peut se procurer aussi facilement, uniformément et généralement, aucun autre genre de production aussi utile à beaucoup d'égards, que le sont les foins artificiels.

10.º Que s'il peut sembler à mes lecteurs que

j'aye négligé ou omis quelques parties, je les invite à croire que, les ayant considérées soit comme se confondant, soit comme dépendantes l'une de l'autre, j'ai cru devoir m'abstenir de les traiter autrement, pour éviter la prolixité.

11.º Que cet ouvrage étant élémentaire en beaucoup de cas, j'ai évité d'y faire de ces comparaisons fabuleuses, des assertions sans preuves, des discussions inutiles, des discours ou dissertations qui ne tiennent souvent que de l'adulation ou de la vanité du style.

.12.º Que ce même ouvrage étant en grande partie, le développement du premier qui a été accueilli, j'ôse espérer qu'il obtiendra d'autant plus la même faveur, que j'y ai fait des additions très-utiles.

Voilà des faits positifs en évidence, voilà à pied d'œuvre les matériaux nécessaires, pour ériger en faveur de l'humanité, un des édifices les plus utiles pour concourir à l'assurance de son bonheur. Si la sollicitude des autorités départementales et celle du gouvernement s'en convainquent, elles sentiront sans doute que, pour mettre chacun à même d'en jouir aussitôt que possible, le meilleur moyen est, d'autoriser l'envoi d'un exemplaire de cet ouvrage à la mairie de chaque commune.

FIN.

ERRATA.

Page 8, ligne 26. *Par la quantité de chenilles, lisez par les chenilles.*

— 9, — 21. *Des bois, lisez du bois.*

— 20, — 3. *Le champ, lisez ce champ.*

— 30, — 18. *Auxquelles, lisez auxquels.*

— 31, — 7. *Ces terres, lisez ces prairies.*

— 32, — 26. *Que produiraient, lisez que produirait.*

— 36, — 10. *Elles s'acheminent, lisez elles acheminent.*

— 37, — 2. *Aux les propriétaires, supprimez les.*

— 37, — 27. *Dans lesquels, lisez dans lesquelles.*

www.ingramcontent.com/pod-product-compliance
Lightning Source LLC
Chambersburg PA
CBHW071513200326
41519CB00019B/5932